高职高专“工学结合”特色教材

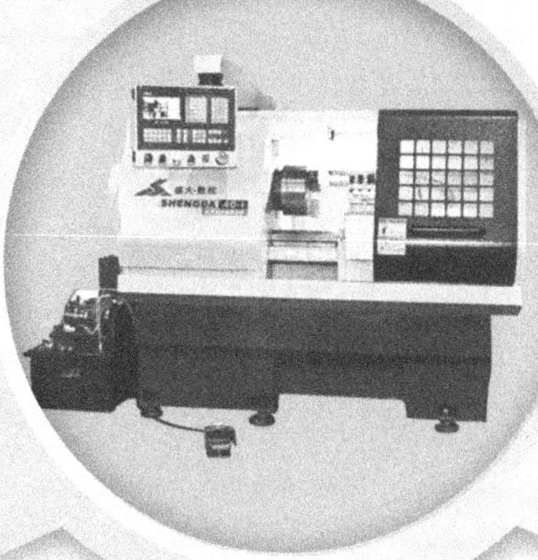

主　编 张飞霞
副主编 钱绍祥 张 焱 何发伟

数控车削编程与操作实训

江苏大学出版社
JIANGSU UNIVERSITY PRESS
镇　江

图书在版编目(CIP)数据

数控车削编程与操作实训/张飞霞主编.—镇江：江苏大学出版社,2015.10(2024.1重印)
ISBN 978-7-5684-0073-2

Ⅰ.①数… Ⅱ.①张… Ⅲ.①数控机床—车床—车削—程序设计—高等职业教育—教材②数控机床—车床—车削—操作—高等职业教育—教材 Ⅳ.①TG519.1

中国版本图书馆CIP数据核字(2015)第242759号

数控车削编程与操作实训
Shukong Chexiao Biancheng Yu Caozuo Shixun

主　　编/张飞霞
责任编辑/徐　婷
出版发行/江苏大学出版社
地　　址/江苏省镇江市京口区学府路301号(邮编：212013)
电　　话/0511-84446464(传真)
网　　址/http://press.ujs.edu.cn
印　　刷/广东虎彩云印刷有限公司
开　　本/787 mm×1 092 mm　1/16
印　　张/13.25
字　　数/306千字
版　　次/2015年10月第1版
印　　次/2024年1月第4次印刷
书　　号/ISBN 978-7-5684-0073-2
定　　价/45.00元

前　言

随着数控技术在机械制造行业的广泛应用,数控编程与加工人员的技术要求也越来越高。为了满足数控技术发展对人才的需求,根据教育部提出的"以就业为导向,以全面素质为基础,以职业能力为本位"指导思想,编者在多年从事数控编程与加工教学、科研、生产工作经验的基础上,通过与制造企业的技术人员进行反复研讨,编写了本教材。

本教材根据技术领域和职业岗位(群)的任职要求,参照相关的职业资格标准,以典型工作任务为教学载体,有效地缩短教学与职业岗位的距离,使课程教学内容更好地满足职业岗位的要求。本教材工学结合、教学做合一,突出实践能力的培养,将能力培养贯穿教学的全过程,使学生掌握从事专业领域实际工作的基本能力。

本教材以配备 FANUC 0i Mate-TC 数控系统和 GSK980TD 数控系统的数控车床为操作对象,参照国家职业技能鉴定考核要求,围绕数控车加工工艺分析、数控编程和数控车床操作设计教学项目。全书包括六个项目,每个项目对应一组典型工件案例,每个项目又包含多个学习任务。项目一至项目六以完成工件加工任务为目标,结合数控车工国家职业标准,将对应的技能重点难点分解到各任务中,遵循学生对知识的接受和认知习惯和能力,按照由简单到复杂的过程设定学习任务。每个任务包括任务描述、任务分析、理论与工艺知识、任务实施和考核评价。学生在明确每个任务的目标后,通过任务实施,能够理解和把握完成任务中每一个环节的基本要求及学习过程的重点和难点,培养在数控车床上加工零件时进行工艺分析、编程和操作的能力。

本教材由镇江高等专科学校张飞霞任主编,镇江高等专科学校钱绍祥、江苏省吴中中等专业学校张焱和重庆水利电力职业技术学院何发伟担任副主编,镇江高等专科学校张志凤、盛树本参编。同时,教材编写也得到了中船动力有限公司、江苏齐航数控机床有限责任公司和镇江液压股份有限公司等企业技术人员的大力支持,在此表示衷心的感谢。

本教材可作为高等职业技术学院和职业技术学校机械制造类专业的教学用书,也可供相关工程技术人员、数控机床操作人员作为学习和培训教材。

由于编者水平和经验有限,书中难免有不足之处,恳请读者和同仁批评指正。

编　者

2015.8

Contents

目　录

1

项目一

安全操作数控车床

☞ 任务一　认知数控车床

☞ 任务二　安全操作 GSK980TD 系统数控车床

☞ 任务三　安全操作 FANUC 0i Mate-TC 系统数控车床

实训报告及任务评价

任务一　认知数控车床

任务描述

对于任何机器，安全操作都是非常重要的。数控车床是一种自动化程度较高、结构较复杂的先进加工设备，学习正确、安全操作数控车床的步骤和方法，熟悉安全文明生产的相关规定，对操作人员的素质和文明生产显得尤其重要。

在实训车间中，在指导教师的讲解和示范下，认知数控车床的组成与结构，分组完成开机、关机、机床回参考点、手动和手轮方式操作机床等基本步骤，并学习对机床的简单日常清扫、整理和维护。

任务分析

该任务需要了解数控车床的结构组成，掌握数控车床的工作方式和方法，熟悉数控车床安全操作规程，反复训练做到熟练操作，学习数控车床日常维护与保养，逐渐养成文明生产的良好工作习惯。

◎**知识点：**

◇ 数控车床的组成；

◇ 数控车床的工作过程；

◇ 数控车床的坐标系统。

◎**技能点：**

◇ 数控车床的开机、关机、回参考点操作；

◇ 数控车床的急停操作；

◇ 数控车床的手动、手轮方式操作。

理论与工艺知识

数控车床主要用于加工盘类（见图 1-1-1）、轴类（见图 1-1-2）等回转体零件。它能够通过过程控制自动完成内外柱圆、圆锥面、圆弧、螺纹等工序的切削加工，并能进行切槽、钻、扩、铰孔等工作。数控车床在一次装夹中能完成多个表面的连续加工，因此提高了加工质量和生产效率，特别适用于复杂形状、精度高的零件或中、小批量零件的加工。

图 1-1-1 盘类零件

图 1-1-2 轴类零件

1. 数控车床的组成

数控车床主要由车床主体、数控装置、伺服系统和辅助装置等组成，具体见表 1-1-1。

表 1-1-1 数控车床的组成

组成部分	说明	图例
车床主体	包括主轴箱、床身、导轨、尾座、刀架、进给机构等	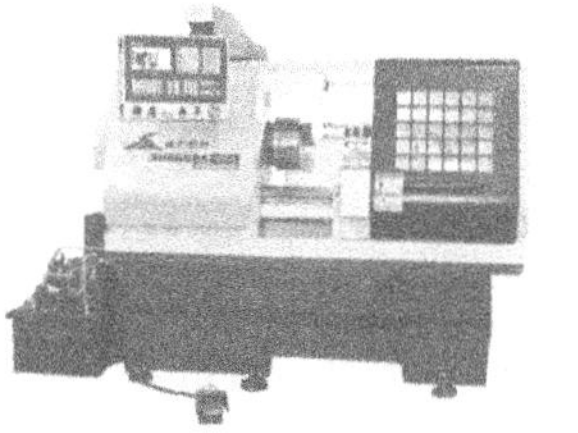
数控装置	它是数控车床的控制中心，接收由加工程序传送的各种信息，并经处理和调配后，向驱动机构发出执行指令，实现对数控车床加工过程的控制	 数控面板
伺服系统	它通过驱动电路和执行元件(如伺服电动机等)，准确执行数控装置发出的指令	 伺服控制器
辅助装置	它是数控车床的一些配套部件，包括液压装置、润滑系统、冷却系统和自动清洗器等	 润滑系统

2. 数控车床的工作过程

使用数控车床时，首先应将被加工零件图纸的几何信息和工艺信息用规定的代码和格式编写成加工程序，然后将加工程序输入到数控装置，按照程序的要求，经过数控系统信息处理、分配，在伺服系统的驱动下实现刀具与工件的相对运动，完成零件的加工，如图 1-1-3 所示。

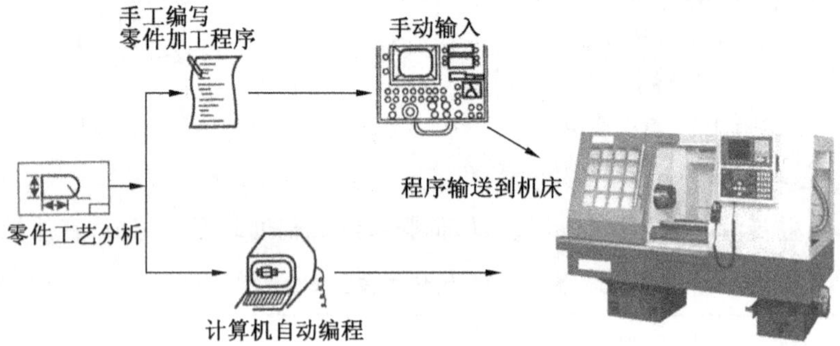

图 1-1-3 数控车床的工作过程

3. 数控车床坐标系

(1) 机床坐标系

数控车床机床坐标系是机床制造厂家在机床上设置了一个固定的点，其位置由机床设计和制造单位确定，通常不允许用户改变。以这一点为坐标原点建立的坐标系称为机床坐标系。它是用来确定工件坐标系的基本坐标系，是机床本身固有的坐标系。

机床标准坐标系中 x，y，z 坐标轴的相互关系用右手笛卡儿直角坐标系决定，如图 1-1-4所示。

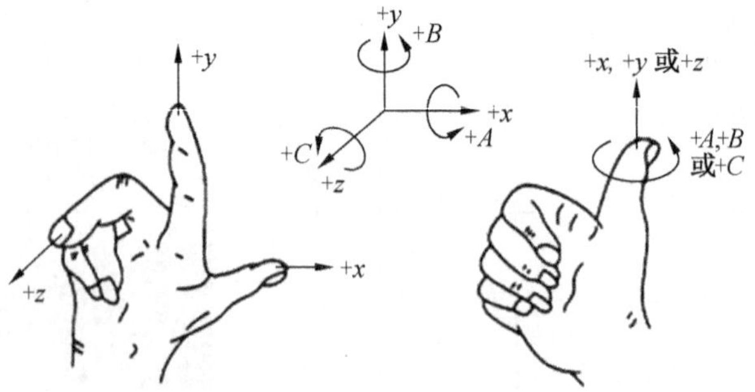

图 1-1-4 右手笛卡儿坐标系

以图 1-1-5 所示数控车床水平床身后置刀架式数控车床为例，确定其坐标系的具体方法如下：

① z 坐标。z 坐标的运动方向是由传递切削动力的主轴所决定的，即平行于主轴轴线的坐标轴即为 z 坐标，z 坐标的正向为刀具离开工件的方向。如果机床上有几个主轴，则选一个垂直于工件装夹平面的主轴方向为 z 坐标方向；如果主轴能够摆动或机床无主轴，则选垂直于工件装夹平面的方向为 z 坐标方向。

② x 坐标。x 坐标平行于工件的装夹平面，一般在水平面内。对于数控车床而言，

如果工件做旋转运动，就以刀具离开工件的方向为 x 坐标的正方向。

③ y 坐标。当确定了 x，z 坐标的正方向后，可以用右手笛卡儿直角坐标系来确定 y 坐标的方向。

(2) 工件坐标系

工件坐标系，又称编程坐标系，是由编程人员自主设定的坐标系。通常，工件坐标系的坐标轴向与机床坐标系是一致的，但是编程坐标系原点是结合零件尺寸标注可任意选择的。因此，合理选择编程坐标原点非常重要。在实际编程过程中，编程原点的选择一般要考虑以下几方面因素：一是尽可能使编程尺寸换算简便，使一些点的坐标值与零件图上的尺寸值相同；二是尽可能使对刀方便和准确；三是尽可能使编程原点的毛坯上的位置容易确定，加工余量均匀。图 1-1-6 所示是数控车床编程坐标系常见的设置方式。

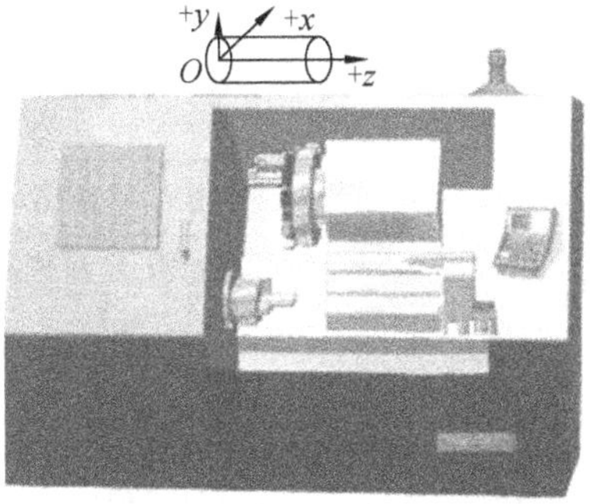

图 1-1-5　数控车床机床坐标系

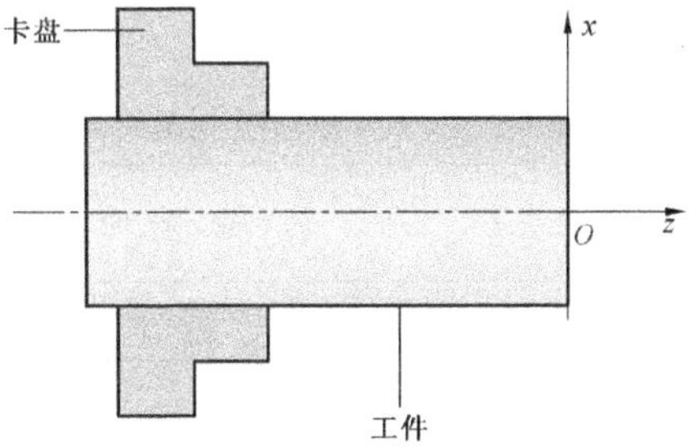

图 1-1-6　数控车床工件坐标系

4. 机床回参考点

机床参考点是用于机床运动进行检测和控制的固定位置点，又称机床零点。机床参考点的位置是由机床制造厂家在每个进给轴上用限位开关精确调整好的，回参考点就是确认机床零点的过程。

在数控车床上机床参考点通常被设置在离机床原点最远的极限点，如图 1-1-7 所示。

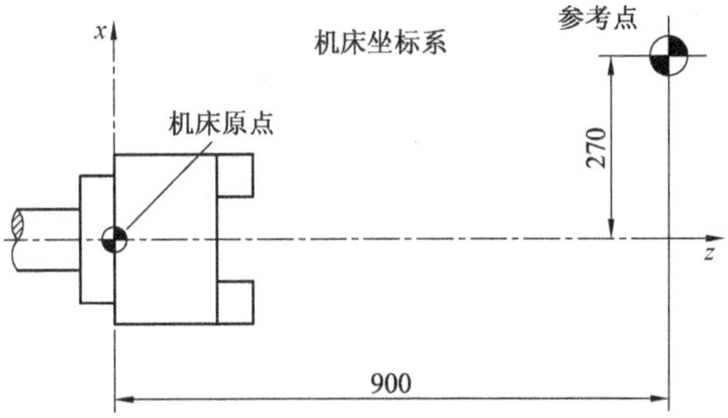

图 1-1-7　机床原点与机床参考点

数控车床开机时，需要先确定机床原点，而确定机床原点的方式就是刀架返回参考点的操作。只有机床参考点被确认后，刀具移动才有基准。

5. 数控车床的日常维护

做好日常的维护工作是使用好数控车床的一个重要环节，数控车床的维修人员、操作人员和管理人员应共同做好此项工作，以提高数控车床的可靠性和稳定性。数控车床日常保养的内容见表 1-1-2。

表 1-1-2 数控车床日常保养的主要内容

序号	检查周期	检查部分	检查要求
1	每天	导轨润滑油箱	检查油量，若不足，及时添加，检查润滑液压泵是否定时启动和停止
2	每天	主轴润滑恒温油箱	检查工作是否正常，油量是否充足，温度范围是否合适
3	每天	机床液压系统	检查油泵有无异常噪声，工作油面高度是否合适，压力表指示是否正常，管路及各个接头有无泄漏
4	每天	压缩空气源压力	检查气动控制系统压力是否在正常范围内
5	每天	x，z 轴导轨面	清除切屑和脏物，检查导轨面有无刮痕，润滑油是否充足
6	每天	各防护罩过滤网	检查机床防护罩是否齐全有效
7	每天	电气柜各散热通风装置	检查各电气柜中冷却风扇是否正常工作，风道过滤网有无堵塞，若堵塞，及时清理
8	每周	各电气柜过滤网	清洗黏附的灰尘
9	不定期	冷却液箱	检查液面高度，及时添加冷却液，若太脏，及时更换
10	半年	主轴驱动传动带	按说明书要求调整传动带松紧程度
11	一年	滚珠丝杠	清洗丝杠上的润滑油(脂)，涂上新油(脂)
12	一年	冷却液压泵过滤器	清洗过滤器油，更换冷却油

任务实施

1. 实施方案

实施方案见表 1-1-3。

表 1-1-3 实施方案

步骤	实施任务主要内容	实施方式	实施场所
1	学习安全文明生产规定	教师讲解、小组讨论	车间现场
2	学习数控车床安全操作规程	教师讲解、演示，小组讨论	车间现场
3	完成数控车床基本操作	教师讲解、演示，学生操作	车间现场
4	完成数控车床的日常维护保养	教师讲解、演示，学生操作	车间现场

2. 具体实施过程

（1）学习安全文明生产规定

为了充分发挥机床的优越性，提高生产效率，操作人员的素质和文明生产非常重要。操作人员除了熟悉、掌握数控机床的性能，做到熟练操作以外，还必须养成文明生产的良好工作习惯，具有严谨的工作作风以及良好的职业素质、责任心和合作精神。

① 严格遵守劳动纪律，工作中不准嬉戏、打闹，坚守岗位。

② 进入岗位前必须按规定穿好工作服装，女生要戴工作帽，不得穿戴有事故隐患的服装和饰品，否则禁止操作机床。

③ 认真执行岗位责任制，严格遵守操作规程，不做与本职无关的事。

④ 非本岗操作者及维护使用人员，未经批准不得进入或触动机床及辅助设备。

⑤ 严格执行交接班制度，做好交接记录工作。

⑥ 数控车床操作步骤必须在指导老师指导下进行，未经指导教师同意，不允许开动机床，自己编制的程序须经指导教师审查后方可上机床运行。

⑦ 启动机床前应检查是否规范放置扳手等工具，当机床主轴启动，开始切削时应关好防护门。

⑧ 结束工作前必须关闭机床，清理现场，切断电源，按要求整理好工具与用具等。

（2）学习数控车床安全操作规程

为正确合理地使用数控车床，保证机床正常运转，必须制定比较完善的数控车床安全操作规程，通常包括以下内容。

① 开机前应对数控车床进行全面细致的检查，包括操作面板、导轨面、卡爪、尾座、刀架和刀具等，确认无误后方可操作。

② 机床启动操作应按顺序进行，即：电源总开关→机床通电开关→NC启动。

③ 禁止在卡盘或床身上敲击或校正工件，不得在机床床身上放置工具或工件。

④ 操作机床之前要仔细检查输入的数据，不得随意更改CNC和PMC参数。

⑤ 操作数控车床时只能一人操作，加工过程中操作者不得离开岗位或托他人代管，不得做与工作无关的事情。如因特殊需要暂离岗位可按暂停按钮，要正确使用急停开关，工作中严禁随意拉闸断电。

⑥ 必须确认工件夹紧后才能启动机床，严禁工件转动时测量、触摸工件。

⑦ 首次运行工件的加工程序时，应采用单段方式切削，避免程序连续运行。

⑧ 数控加工时精力要高度集中，如果发生故障应及时停车，按规程处理，并记录显示故障内容，发生事故应立即停车断电，保护现场，不得隐瞒，及时上报，并配合老师做好分析调查工作。

⑨ 加工结束后，停机前将各坐标轴停在正向极限位置，并清扫机床做好日常维护。

（3）执行数控车床安全操作规程完成操作训练

① 开机操作

打开机床总电源，按系统电源开键，直至CRT显示屏正常显示后，开机成功。

操作要点：

在开机前，应先检查机床润滑油是否充足，电源柜门是否关好，操作面板各按键是否处于正常位置，否则将可能影响机床正常开机。

② 机床回参考点

将操作模式旋钮旋至回零 REF 或按键，依次按 $+x$，$+z$ 轴进给方向键，待 CRT 显示屏中各轴机械坐标均为零时，回参考点操作成功。

操作要点：

机床正在执行回参考点操作时，不允许更改操作模式旋钮或按键，否则回参考点操作失败。

回参考点操作时先回 x 轴，再回 z 轴。

③ 关机操作

按“系统电源关”键，关闭“机床总电源”，关机成功。

操作要点：

关机后应进行加工现场及机床的清理和保养。

④ 手动(JOG)模式操作

通过操作面板上的点动键选择 JOG 运行方式，按坐标轴方向键可以使坐标轴运行，改变刀具的位置，还可以通过进给倍率开关调节运行速度。

操作要点：

由于初学者对机床还不熟悉，建议将进给倍率设定在 10%～50%，防止由于误操作导致撞车现象。

⑤ 手轮(HANDLE)模式操作

在数控系统操作面板上选择手轮模式操作，选择对应的轴向按键，通过旋动手轮脉冲器(见图 1-1-8)实现轴运动。顺时针转动手轮脉冲器，轴正移刀具远离工件；反之，轴负移刀具靠近工件。

图 1-1-8 手轮脉冲器

通过选择脉冲当量×1，×10，×100(表示进给倍率 0.001，0.01，0.1 mm/格)。

操作要点：

为了安全操作机床，初学者应选择较低的进给倍率，通过反复练习熟悉手轮脉冲器的旋向与对应的轴进给方向。

⑥ 急停与超程解除

按下数控车床上的急停按钮，车床立即停止运行，并且所有输出(主轴的转动、冷却液等)也全部关闭。旋转急停按钮后解除急停，但所有的输出都需要重新启动。

如果刀架进入了禁止区域(存储行程极限)，数控车床会显示超程报警，刀架减速后停止。为了解除报警，按数控系统的提示在手动模式下将刀架移动到行程范围内，按复位键可解除报警。

(4) 对数控车床进行维护与保养

组织学生进入实训场地，选择数控车床，参照操作说明书，在老师的指导下学习每天工作结束后的数控车床日常维护与保养任务。

任务二 安全操作 GSK980TD 系统数控车床

任务描述

操作 GSK980TD 系统数控车床在手轮控制方式下完成图 1-2-1 所示工件的切削，毛坯尺寸为ϕ30 mm 的铝棒。通过该任务的学习，操作人员应熟悉 GSK980TD 系统数控车床操作面板，掌握手动输入(MDI)方式下的基本操作，学习对刀操作，培养安全生产意识和养成规范操作习惯。

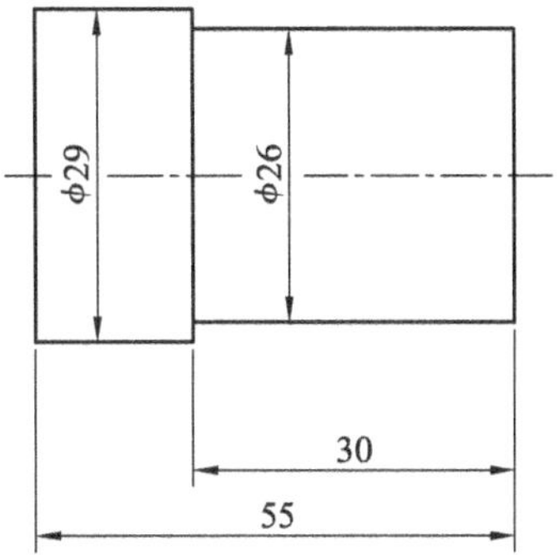

图 1-2-1 小轴

任务分析

该任务需要学习 GSK980TD 数控车系统操作面板的按键功能，学习该机床规范操作，训练正确装夹工件和安装刀具的技能。

◎**知识点：**

◇ GSK980TD 数控车系统操作面板按键功能；

◇ MDI 方式。

◎**技能点：**

◇ 工件夹紧与找正；

◇ 正确安装刀具；

◇ 对刀操作；

◇ 数控车床的 MDI 方式操作。

理论与工艺知识

GSK980TD 是广州数控设备公司研制的普及型车床 CNC GSK980TA 的升级产品，采用了 32 位高性能 CPU 和超大规模可编程器件 FPGA，运用实时多任务控制技术和硬件插补技术，实现微米级精度运动控制和 PLC 逻辑控制。

GSK980TD 数控系统产品技术特点：

① x，z 二轴联动、微米级插补精度，最高速度 16 m/min(可选配 30 m/min)；

② 内置式 PLC，可实现各种自动刀架、主轴自动换挡等控制，梯形图可编辑、上传、下载；I/O 口可扩展(选配功能)；

③ 具有螺距误差补偿、反向间隙补偿、刀具长度补偿、刀尖半径补偿功能；

④ 采用S型、指数型加减速控制，适应高速、高精加工；

⑤ 具有攻丝功能，可车削公英制单头/多头直螺纹、锥螺纹、端面螺纹，变螺距螺纹，螺纹退尾长度、角度和速度特性可设定，高速退尾处理；

⑥ 集成中文、英文显示界面，由参数选择；

⑦ 零件程序全屏幕编辑，可存储 6144 KB，384 个零件程序；

⑧ 提供多级操作密码功能，方便设备管理；

⑨ 支持 CNC 与 PC、CNC 与 CNC 间双向通讯，CNC 软件、PLC 程序可通讯升级；

⑩ 安装尺寸、电气接口、指令系统、操作显示界面与 980TA 兼容。

1. GSK980TD 数控系统操作面板

GSK980TD 数控系统面板组成如图 1-2-2 所示。

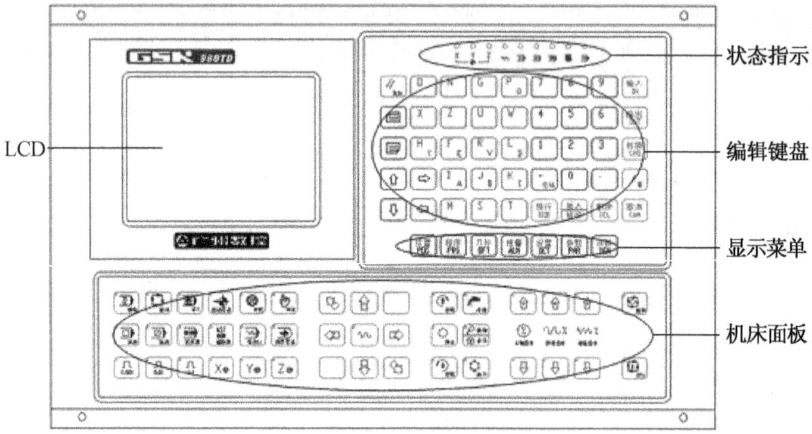

图 1-2-2 GSK980TD 数控系统操作面板

(1) 状态指示

机床状态指示图标见表 1-2-1。

表 1-2-1 机床状态指示图标说明

X Y Z	x，z 轴回零结束指示灯		快速指示灯
	单段运行指示灯		程序段选跳指示灯
	机床锁指示灯	MST	辅助功能锁指示灯
	空运行指示灯		

(2）编辑键盘

编辑键盘图标功能见表 1-2-2。

表 1-2-2 编辑键盘图标功能说明

按键	名称	功能说明
.	小数点	小数点输入
输入 IN	输入键	参数、补偿量等数据输入的确定
输出 OUT	输出键	启动通信输出
转换 CHG	转换键	信息、显示的切换
插入/修改　删除 DEL　取消 CAN	编辑键	编辑时程序、字段等的插入、修改、删除（插入/修改为复合键，反复按键，在两功能间切换）
换行 EOB	EOB 键	程序段结束符的输入
⇧ ⇨ ⇩ ⇦	光标移动键	控制光标移动
 	翻页键	同一显示界面下页面的切换
// 复位	复位键	CNC 复位，进给、输出停止等
O N G X Z U W M S T	地址键	地址输入
H/Y F/E R/V L/D P/Q I/A J/B K/C	地址键	双地址键，反复按键，在两者间切换
–/空格、 //#	符号键	双地址键，反复按键，在两者间切换
7 8 9 4 5 6 1 2 3 0	数字键	数字输入

(3)显示菜单

显示菜单功能见表 1-2-3。

表 1-2-3 显示菜单功能说明

菜单键	备 注
位置 POS	进入位置界面。位置界面有相对坐标、绝对坐标、综合坐标、坐标和程序等四个页面
程序 PRG	进入程序界面。程序界面有程序内容、程序目录、程序状态三个页面
刀补 OFT	进入刀补界面、宏变量界面(反复按键可在两界面间转换)。刀补界面可显示刀具偏值;宏变量界面显示 CNC 宏变量
报警 ALM	进入报警界面。报警界面有 CNC 报警、PLC 报警两个页面
设置 SET	进入设置界面、图形界面(反复按键可在两界面间转换)。设置界面有开关设置、数据备份、权限设置;图形界面有图形设置、图形显示两个页面
参数 PAR	进入状态参数、数据参数、螺补参数界面(反复按键可在各界面间转换)
诊断 DGN	进入诊断界面、PLC 状态、PLC 数据、机床软面板、版本信息界面(反复按键可在各界面间转换)。诊断界面、PLC 状态、PLC 数据显示 CNC 内部信号状态、PLC 各地址、数据的状态信息;机床软面板可进行机床软键盘操作;版本信息界面显示 CNC 软件、硬件及 PLC 的版本号

(4) 机床面板

机床面板图标功能见表 1-2-4。

表 1-2-4 机床面板图标功能说明

按键	名称	功能说明	功能有效时操作方式
暂停	进给保持键	程序、MDI 指令运行暂停	自动方式、录入方式
运行	循环启动键	程序、MDI 指令运行启动	自动方式、录入方式
进给倍率	进给倍率键	进给速度的调整	自动方式、录入方式、编辑方式、机械回零、手轮方式、单步方式、手动方式、程序回零
进速倍率	快速倍率键	快速移动速度的调整	自动方式、录入方式机械回零、手动方式、程序回零

续表

按键	名称	功能说明	功能有效时操作方式
	主轴倍率键	主轴速度调整(主轴转速模拟量控制方式有效)	自动方式、录入方式、编辑方式、机械回零、手轮方式、单步方式、手动方式、程序回零
	手动换刀键	手动换刀	机械回零、手轮方式、单步方式、手动方式、程序回零
	点动开关键	主轴点动状态开/关	机械回零、手轮方式、单步方式、手动方式、程序回零
	润滑开关键	机床润滑开/关	
	冷却液开关键	冷却液开/关	自动方式、录入方式、编辑方式、机械回零、手轮方式、单步方式、手动方式、程序回零
	主轴控制键	主轴正转 主轴停止 主轴反转	机械回零、手轮方式、单步方式、手动方式、程序回零
	快速开关	快速速度/进给速度切换	自动方式、录入方式、机械回零、手动方式、程序回零
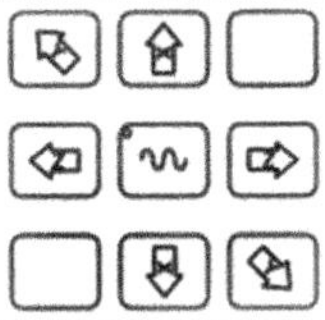	手动进给键	手动、单步操作方式 x,y,z 轴正向/负向移动	机械回零、单步方式、手动方式、程序回零
	手轮控制轴选择键	手轮操作方式 x,y,z 轴选择	手轮方式
	手轮/单步增量选择与快速倍率选择键	手轮每格移动 0.001/0.01/0.1 mm 单步每步移动 0.001/0.01/0.1 mm	自动方工、录入方式、机械回零、手轮方式、单步方式、手动方式、程序回零
	单段开关	程序单段运行/连续运行状态切换,单段有效时单段运行指示灯亮	自动方式、录入方式
	程序段选跳开关	程序段首标有“/”号的程序段是否跳过状态切换,程序段选跳开关打开时,跳段指示灯亮	自动方式、录入方式

续表

按键	名称	功能说明	功能有效时操作方式
	机床锁住开关	机床锁住时，机床锁住指示灯亮，x，z 轴输出无效	自动方式、录入方式、编辑方式、机械回零、手轮方式、单步方式、手动方式、程序回零
	辅助功能锁住开关	辅助功能锁住时，辅助功能锁住指示灯亮，M，S，T 功能输出无效	自动方式、录入方式
	空运行开关	空运行有效时，空运行指示灯点亮，加工程序/MDI 指令段空运行	自动方式、录入方式
	编辑方式选择键	进入编辑操作方式	自动方式、录入方式、机械回零、手轮方式、单步方式、手动方式、程序回零
	自动方式选择键	进入自动操作方式	录入方式、编辑方式、机械回零、手轮方式、单步方式、手动方式、程序回零
	录入方式选择键	进入录入(MDI)操作方式	自动方式、编辑方式、机械回零、手轮方式、单步方式、手动方式、程序回零
	机械回零方式选择键	进入机械回零操作方式	自动方式、录入方式、编辑方式、手轮方式、单步方式、手动方式、程序回零
	单步/手轮方式选择键	进入单步或手轮操作方式(两种操作方式由参数选择其一)	自动方式、录入方式、编辑方式、机械回零、手动方式、程序回零
	手动方式选择键	进入手动操作方式	自动方式、录入方式、编辑方式、机械回零、手轮方式、单步方式、程序回零
	程序回零方式选择键	进入程序回零操作方式	自动方式、录入方式、编辑方式、机械回零、手轮方式、单步方式、手动方式

2. MDI 方式

MDI 是英文 Manual Data Input 的缩写。在 MDI 手动操作模式下，可以进行参数的设置、指令字的输入及指令字的执行。

(1) MDI 模式下指令字的输入

选择录入操作方式，进入程序状态页面，以输入程序段“G50 X50 Z100”为例，操作步骤如下：

① 按[录入]键进入录入操作方式。

② 按[程序 PRG]键(必要时再按[▤]键或[▤]键)进入程序状态页面，如图 1-2-3 所示。

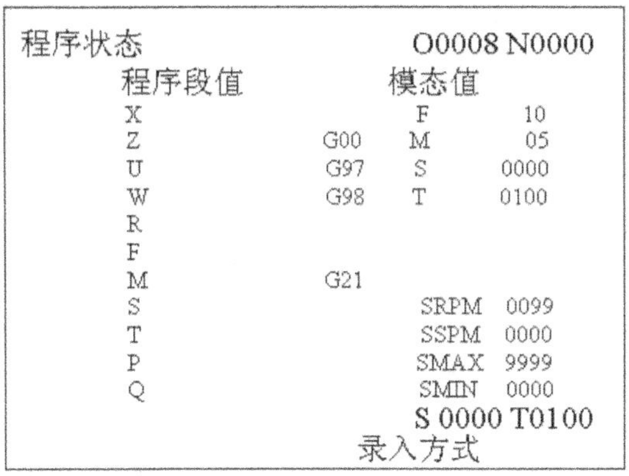

图 1-2-3 MDI 程序录入显示页面

③ 依次键入地址键[G]、数字键[5]、[0]及[输入 IN]键，页面显示如图 1-2-4 所示。

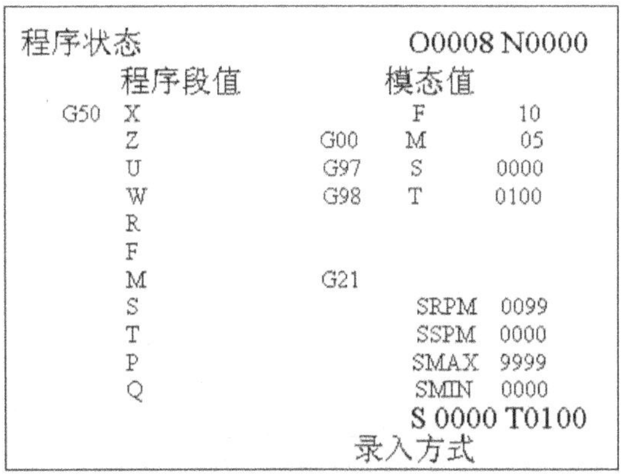

图 1-2-4 MDI 程序指令输入显示页面

④ 依次键入地址键[X]、数字键[5]、[0]及[输入 IN]键。

⑤ 依次键入地址键[Z]、数字键[1]、[0]、[0]及[输入 IN]键。

执行完以上操作后，显示如图 1-2-5 所示。

程序状态					O0008 N0000	
	程序段值			模态值		
G50	X	50.000		F	10	
	Z	100.000	G00	M	05	
	U		G97	S	0000	
	W		G98	T	0100	
	R					
	F					
	M		G21			
	S				SRPM	0099
	T				SSPM	0000
	P				SMAX	9999
	Q				SMIN	0000
					S 0000 T0100	
				录入方式		

图 1-2-5　MDI 指令录入后显示页面

（2）MDI 指令字的执行

指令字输入后，按 键执行 MDI 指令字。运行过程中按 键、 键或急停按钮使 MDI 指令字停止运行。

3．对刀操作

对刀的目的是调整数控车床每把刀具的刀位点，这样在刀架转位后，虽然各刀具的刀位点不在同一点上，但通过刀具补偿，将使每把刀的刀位点都重合在某一理想位置上，编程者只需要按照工件的轮廓编制加工程序而不必考虑不同刀具长度和刀尖半径的影响。一般来说，对刀操作有两种常用方法：一种是定点法对刀；另一种是试切法对刀。这两种对刀方法在 GSK980TD 系统中都可以使用，其中试切法更加常用。

（1）定点法对刀

优点：方便、检查直观。

缺点：对刀过程中对刀点（见图 1-2-6）不能变化，只能用同一点对刀，误差大。

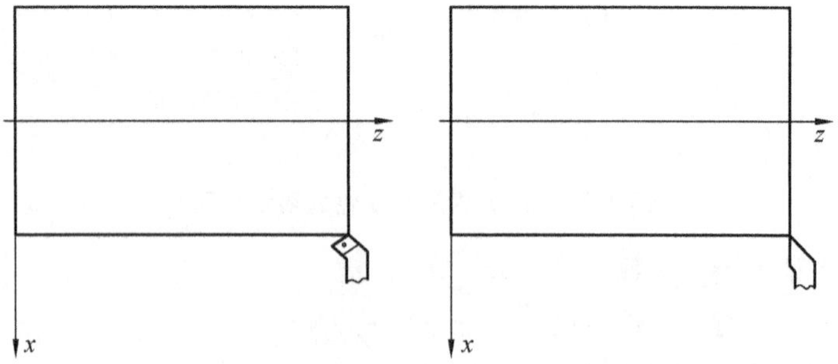

(a)　　(b)

图 1-2-6　对刀点

主要操作步骤如下：

① 首先确定 x，z 向的刀补值是否为零，如果不为零，必须把所有刀具号的刀补值清零。

② 使刀具的偏置号为 00（如 T0100，T0300）。

③ 选择任意一把刀(一般是加工中的第一把刀，此刀将作为基准刀)。

④ 设定工件坐标后刀尖停在图 1-2-6a 中所示点(对刀点)。在手动方式下("录入"或"手轮"方式均可)，按[位置 POS]键、再按[翻页]键或[翻页]键切换，进入相对坐标界面，把相对坐标(U，W)清零。相对坐标清零方法：按[U]键，坐标界面中的 U 闪烁，按[取消 CAN]键，完成 U 坐标清零，按[W]键，坐标界面中的 W 闪烁，按[取消 CAN]键，完成 W 坐标清零。

⑤ 移动刀具到安全位置后，按[换刀]选择另外一把刀具，并移动到对刀点，如图 1-2-6b 所示。

⑥ 先按[刀补 OFT]键，再按[↑]键、[↓]键移动光标选择该刀对应的刀具偏置号。

⑦ 先按地址键[U]，再按[输入 IN]键，x 向刀具偏置值被设置到相应的偏置号中。

⑧ 先按地址键[W]，再按[输入 IN]键，z 向刀具偏置值被设置到对应的偏置号中。

⑨ 重复步骤⑤—⑧，完成其他已安装刀具对刀。

(2) 试切法对刀

优点：对刀过程中对刀点 z 不能变化，x 可改变，对刀较为准确。

缺点：刀补检查不够直观。

试切法对刀如图 1-2-7 所示，主要操作步骤如下(以工件端面建立工件坐标系)：

① 选择任意一把刀，启动主轴旋转，在手轮方式控制下使刀具沿 A 表面切削，刀在 z 轴不动的情况下沿 x 轴退出刀具，并且停止主轴旋转。

② 按[刀补 OFT]键进入偏置界面，选择刀具偏置页面，按[↑]键、[↓]键移动光标选择该刀具对应的偏置号，按[录入]键切换到"录入"方式依次按[Z]键、[0]键和[输入 IN]键，完成 z 向对刀。

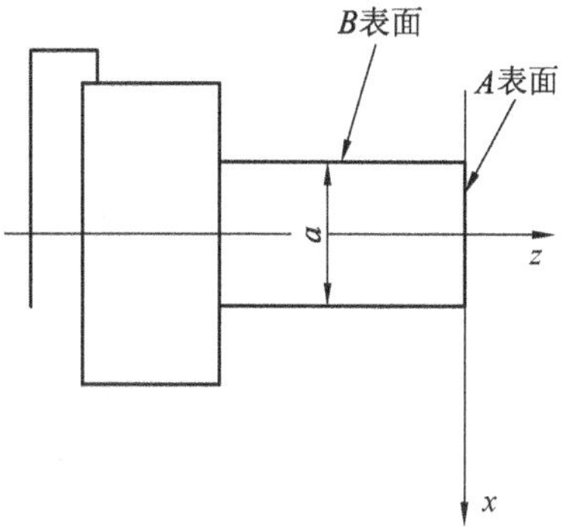

图 1-2-7 试切法对刀

③ 启动主轴，手轮控制刀架移动，使刀具沿 B 表面切削，在 x 轴不动的情况下，沿 z 轴退出刀具，并且停止主轴旋转。

④ 测量直径"a"(假定 $a=15$)，按[刀补 OFT]键进入偏置界面，选择刀具偏置页面，按[↑]键、[↓]键移动光标选择该刀具对应的偏置号，按[录入]键切换到"录入"方式依次键入地址键[X]、数字键[1]、[5]及[输入 IN]，完成 x 向对刀。

⑤ 移动刀具至安全换刀位置，换另一把刀。

⑥ 重复步骤①—⑤，完成其他已安装刀具对刀。

4. 程序的编辑与管理

将编制好的加工程序输入到数控系统中去，以实现数控车床对工件的自动加工。在编辑方式下可实现程序的输入、修改、检索和删除等。

(1) 程序的输入

① 按 EDIT(编辑)键进入编辑操作模式，按键灯亮。

② 按 PROG(程序)键进入程序页面，按[翻页]键或[翻页]键选择程序内容显示页面，用 MDI 键盘上的地址/数字键，输入程序号"O1000"(以建立 O1000 程序为例)，按[EOB]键建

立新程序。

③ 按照编制好的零件程序逐个输入，每输入一个字符，在屏幕上立即显示输入的字符(双地址键的处理是反复按此双地址键，实现交替输入)，一个程序段输入完毕，按[EOB]键结束，程序行结束符“;”自动被输入。

④ 按步骤③的方法可完成程序的全部程序段输入。

(2) 程序的检索

当数控系统中已经存有多个程序时，可以通过检索法、扫描法和光标确认法查找已存入系统的程序。其中，最常用的方法就是检索法，具体步骤如下：

① 选择 EDIT(编辑)或 AUTO(自动)操作方式。

② 按 PROG(程序)键，进入程序内容显示界面，输入需要检索的程序号。

③ 按[⇩]或[换行 EOB]键，在显示界面上显示检索到的程序，若程序不存在，CNC 出现报警；若该检索程序不存在，按[换行 EOB]键后，CNC 会新建一个程序。

(3) 程序的修改

程序的修改操作方法如下：

① 选择 EDIT(编辑)方式，进入程序页面。

② 用 MDI 方法输入被修改程序的程序名，按[换行 EOB]键，调出程序。

③ 按光标移动键[⇧]或[⇩]，将光标移动到需要修改的字符位置，按[插入 修改]键可插入或修改程序指令，也可通过按[删除 DEL]删除字符。

(4) 程序的删除

程序的删除包括单个程序的删除和全部程序的删除。操作步骤如下：

① 选择 EDIT(编辑)键，进入程序页面。

② 依次键入地址键[O]、数字键[0]、[0]、[0]、[1]，输入程序名 O0001(以程序 O0001 为例)，按[删除 DEL]键，O0001 程序被删除；如果依次输入地址键[O]，符号健[-]，数字键[9]、[9]、[9]，按[删除 DEL]键，则全部程序被删除。

任务实施

1. 实施方案

实施方案见表 1-2-5。

表 1-2-5 实施方案

步骤	实施任务主要内容	实施方式	实施场所
1	认识 GSK980TD 系统的数控操作面板	仿真教学、操作演示，学生操作	计算机机房 车间现场
2	装夹工件和安装刀具	教师讲解、演示，学生操作	车间现场
3	对刀操作	教师讲解、演示，学生操作	车间现场
4	手轮操作机床完成工件切削	教师讲解、演示，学生操作	车间现场

2. 具体实施过程

(1) 开机

GSK980TD通电开机前，应确认：机床状态正常；电源电压符合要求；接线正确、牢固。接通电源后，机床显示页面如图1-2-8所示。此时，系统自检、初始化。自检、初始化完成后，显示现在位置(相对坐标)页面如图1-2-9所示，页面中显示了坐标、初始倍率、加工件数和操作方式等信息。

图 1-2-8 开机显示页面

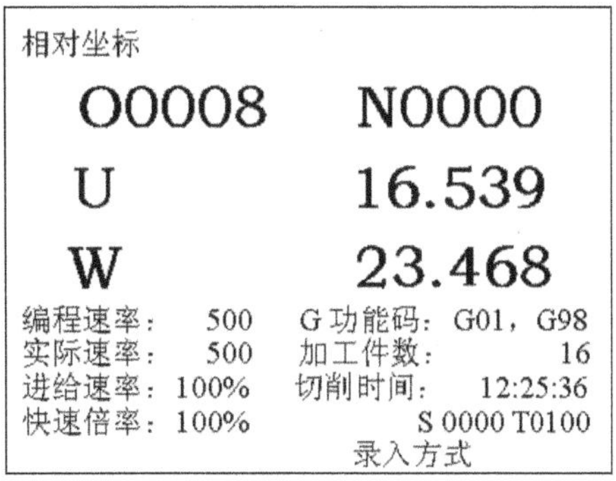

图 1-2-9 初始显示页面

(2) 机床回参考点

机床回参考点的操作步骤如下：

① 按键，进入机械回零操作方式，显示页面的最下行显示“机械回零”字样，如图1-2-10所示。

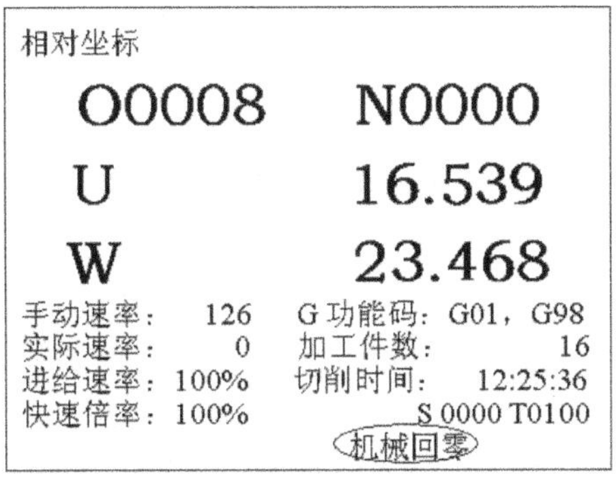

图 1-2-10 机械回零显示页面

② 按或键，选择回 x 或 z 轴机械零点。

③ 机床沿着机械零点方向移动，经过减速信号、零点信号检测后回到机械零点，此时轴停止移动，页面中的“X”、“Z”或“U”、“W”闪烁，回参考点结束指示灯亮如图1-2-11所示。

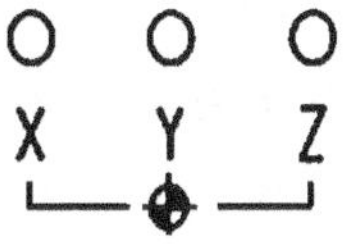

图 1-2-11 回参考点指示灯

(3) 手轮方式进给

按键进入手轮操作方式，可通过旋动手轮来控制机床刀架的位置。

① 进给增量的选择方法

按[0.001]、[0.01]或[0.1]键，选择移动增量，移动增量会在页面上显示。例如：按[0.1]键，页面显示如图 1-2-12。

② 移动轴及方向的选择

在手轮操作方式下，按[X]或[Z]键选择相应的轴。例如：按[X]键，显示页面如图 1-2-13所示。

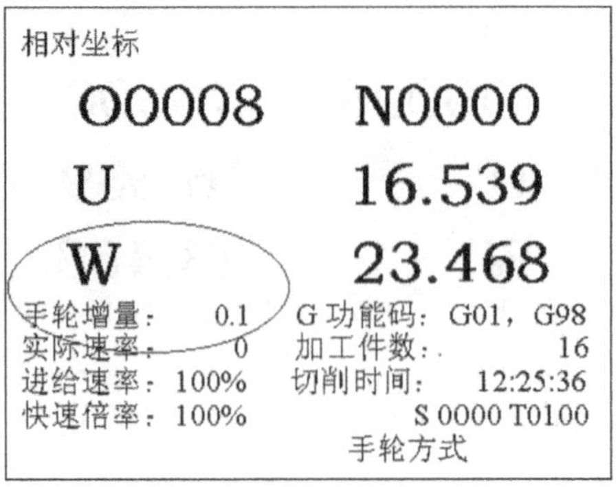

图 1-2-12 手轮方式移动 Z 向

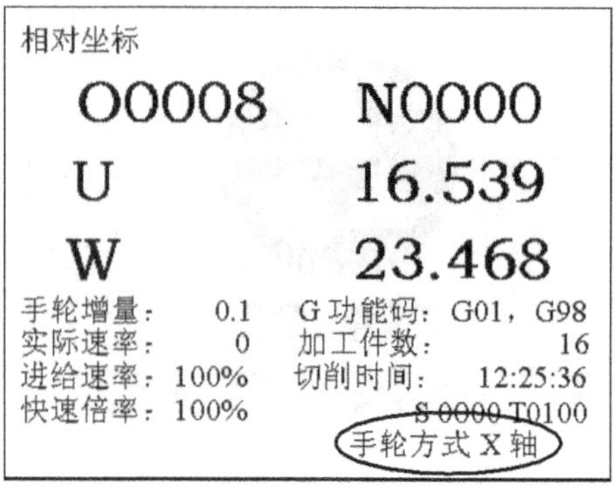

图 1-2-13 手轮方式移动 X 向

（4）装夹毛坯和安装刀具

① 装夹毛坯

数控车床上工件的安装方法与普通车床一样，应合理选择定位基准和夹紧方式，此过程中主要注意以下两点：

一是力求设计、工艺与编程计算的基准统一，这样有利于提高编程时数值计算的简便性和精确性。

二是尽量减少装夹次数，尽可能在一次装夹后，加工出全部待加工面。

本次训练是将给定毛坯正确装夹，伸出端长度控制在 70 cm 左右，便于完成工件伸出端面的切削。

② 安装刀具

本次操作训练可选用一把普通外圆车刀，车刀安装的正确与否，将直接影响切削能否顺利进行和工件的加工质量。安装车刀时应注意下列几个问题：

一是车刀安装在刀架上，伸出部分不宜太长，伸出量一般为刀杆高度的 1.5～2 倍。伸出过长会使刀杆刚性变差，切削时易产生振动，影响工件的表面粗糙度。

二是车刀垫铁要平整，垫铁与刀架应平齐，加紧车刀时应将前面两个螺钉压紧在刀架上，并逐个轮流拧紧。

三是车刀刀尖应与工件轴线等高，如图 1-2-14a 所示，否则会因基面和切削平面的位置发生变化，而改变车刀工作时的前角和后角的数值；图 1-2-14b 车刀刀尖高于工件轴线，使后角见效，增大了车刀后刀面与工件的摩擦；图 1-2-14c 车刀刀尖低于工件轴线，使前角减小，切削力增加，影响切削。

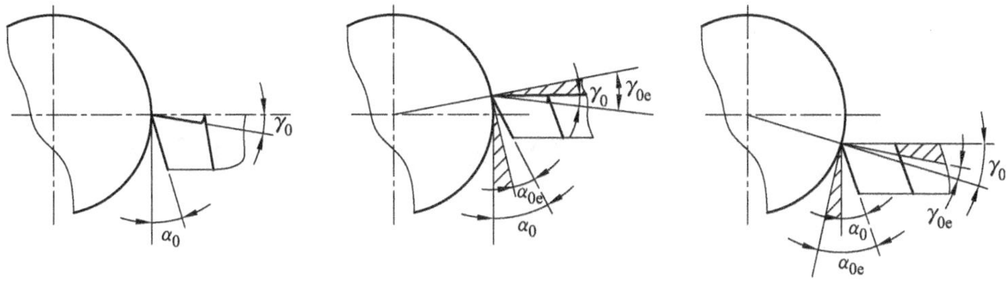

(a) (b) (c)

图 1-2-14 装刀高低对前后角的影响

车端面时，车刀刀尖若高于或低于工件中心，车削后工件端面中心处会留有凸头，如图 1-2-15 所示。

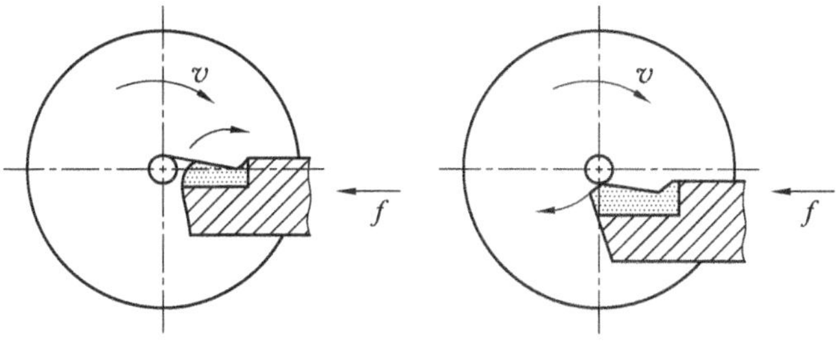

图 1-2-15 切端面时车刀刀尖与中心线不平齐时的加工情况

（5）MDI 方式下操作机床切削工件

切换显示页面与机床操作模式的主要操作步骤如下：

① 设定主轴转速，启动主轴

按[程序 PRG]、[]键，将页面切换到 MDI 操作界面，按[录入]键切换到程序录入操作模式，可通过键盘输入“M03 S800”，设定机床主轴转速为 800 r/min，按[运行]键，启动主轴正转动，可按[复位]键使主轴停止。

② 试切法对刀

按[手轮]键切换到手轮方式，再按[正转]键启动主轴，可先对 z 轴方向，再对 x 轴方向。

操作提示：在切削工件时，将按[0.001]键修调手轮进给倍率，降低刀架进给速度，确保工件切削表面光滑；测量切削面直径尺寸时，用千分尺精确测量，确保精度。

③ 完成工件切削

首先在 MDI 方式下，将主轴转速设定为 600 r/min，再按[手轮]键切换到“手轮”操作模式。在该模式下可直接按[正转]键或[停止]键控制机床主轴的转动与停止。通过按[X]、[Y]、[Z]键选择进给轴向，按[0.001]、[0.01]、[0.1]键修调进给倍率控制进给速度，当刀架距离工件较远时可选择[0.1]键，使刀架以 0.1 mm/格速度进给，当刀架与工件距离较近时，为了避免误操作可切换为[0.001]键或[0.01]键。选择好合适的进给倍率后，控制手轮，完成工件切削。

④ 检测尺寸

对照图中尺寸，测量外圆尺寸，并记录数据。

任务三 安全操作 FANUC 0i Mate-TC 系统数控车床

任务描述

操作 FANUC 0i Mate-TC 系统数控车床在手轮控制方式下完成图 1-3-1 所示工件的右端面平整切削和外圆切削，毛坯尺寸为ϕ30 mm 的铝棒。通过完成该任务，能达到使操作人员熟悉 FANUC 0i Mate-TC 系统数控车床操作面板，掌握对刀操作，培养安全生产意识和养成规范操作的目的。

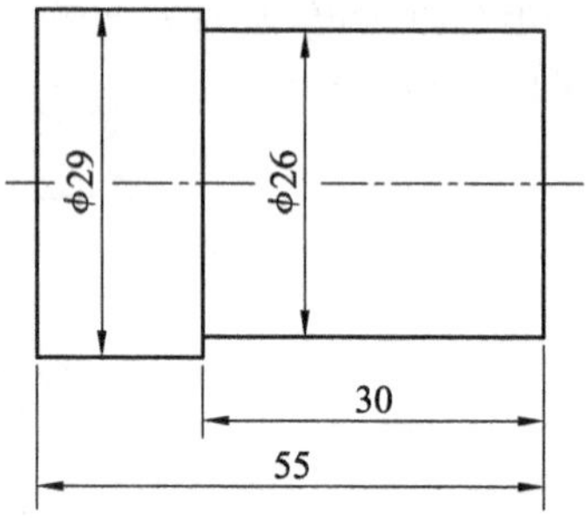

图 1-3-1 小轴

任务分析

该任务需要学习 FANUC 0i Mate-TC 系统数控车操作面板的按键功能，学习该机床规范操作，训练正确装夹工件和安装刀具的技能。

◎**知识点：**

◇ FANUC 0i Mate-TC 数控车系统操作面板按键功能。

◎**技能点：**

◇ 工件夹紧与找正；

◇ 正确安装刀具；

◇ 对刀操作；

◇ 数控车床的 MDI 方式操作。

理论与工艺知识

1．FANUC 0i Mate-TC 数控车床操作面板

配置 FANUC 0i Mate-TC 系统数控车床的操作面板分为系统操作面板（由液晶显示屏和 MDI 键盘组成）和机床控制面板两部分，如图 1-3-2 所示。FANUC 0i Mate-TC 的操作面板按键功能见表 1-3-1，程序输入与编辑功能键说明见表 1-3-2。

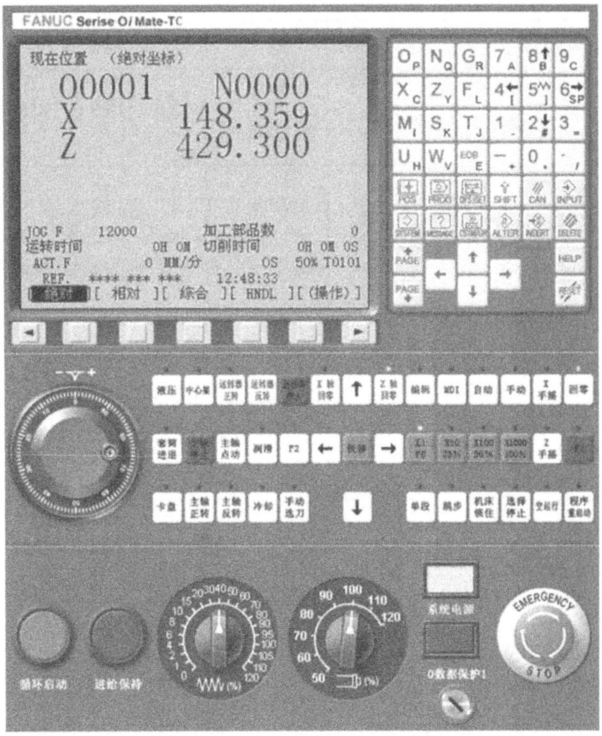

图 1-3-2 FANUC 0i Mate-TC 数控车床的操作面板

表 1-3-1 FANUC 0i Mate-TC 操作面板按键功能说明

序号	类别	按钮	名称	功 能 说 明
1	电源开关	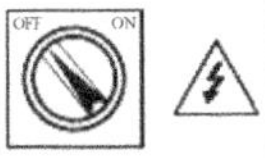	机床总电源开关	机床总电源开关一般位于机床的背面，在使用时必须先将主电源开关置于“ON”
		 电源开	机床电源开	按下“电源开”按钮，机床处于自检状态，并向机床润滑、冷却等机械部分及系统供电
		 电源关	机床电源关	“电源关”按钮为关闭系统电源的开关
2	紧急按钮及机床报警	 急停	紧急停止按钮	当出现紧急情况而按下该按钮时，机床及 CNC 装置随即处于急停状态。这时在屏幕上出现“EMG”字样，机床报警指示灯亮。 要消除急停状态，可顺时针转动急停按钮，使按钮向上弹起，并按下复位键“RESET”即可
		 机床报警	机床报警指示灯	当机床出现各种报警时，该指示灯亮，报警消除后该灯即熄灭

续表

<table>
<tr><th>序号</th><th>类别</th><th>按钮</th><th>名称</th><th colspan="3">功能说明</th></tr>
<tr><td rowspan="7">3</td><td rowspan="7">模式选择按钮</td><td></td><td>编辑</td><td colspan="3">按下该按钮，可以对储存在内存中的程序数据进行编辑操作</td></tr>
<tr><td></td><td>手动数据输入</td><td colspan="3">在该状态下，可以在输入单一的指令或几条程序段后，立即按下循环启动按钮使机床动作，以满足操作需要。如开机后的指定转速“S800 M03;”</td></tr>
<tr><td rowspan="5"></td><td rowspan="5">自动执行</td><td></td><td>机床锁住</td><td>按下该按钮后，刀具在自动运行过程中的移动功能将被限制执行，但能执行＋M,S,T 指令。系统显示程序运行时刀具的位置坐标</td></tr>
<tr><td></td><td>空运行</td><td>按下该按钮后，在自动运行过程中刀具按机床参数指定的速度快速运行。该功能主要用于检查刀具的运行轨迹是否正确</td></tr>
<tr><td></td><td>程序段跳跃</td><td>按下该按钮后，程序段前加“/”符号的程序段将被跳过执行</td></tr>
<tr><td></td><td>单段运行</td><td>按下该按钮后，每按一次循环启动按钮，机床将执行一段程序后暂停。再次按下循环启动，则机床再执行一段程序后暂停。采用这种方法可对程序及操作进行检查</td></tr>
<tr><td></td><td>选择停止</td><td>按下该按钮后，在自动执行的程序中出现有“M01”指令的程序段时，其加工程序将停止执行。此时主轴功能、冷却功能等也将停止。再次按下循环启动后，系统将继续执行“M01”以后的程序</td></tr>
</table>

续表

<table>
<tr><th>序号</th><th>类别</th><th>按钮</th><th>名称</th><th colspan="3">功 能 说 明</th></tr>
<tr><td rowspan="4">3</td><td rowspan="4">模式选择按钮</td><td rowspan="2"></td><td rowspan="2">手动连续进给</td><td>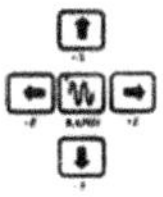</td><td>进给方向键</td><td>手动连续慢速进给：
按住 JOG 进给方向键按钮不放，该指定轴即沿指定的方向进行进给。进给速率可通过调节范围为 0%～150%进给速度倍率旋钮进行调节。另外，对于在自动执行的程序中所指定的进给速度 F，也可用其进给速度倍率旋钮进行调节</td></tr>
<tr><td></td><td>进给速度倍率旋钮</td><td>手动连续快速进给：
在按下方向选择按钮后，同时按下中间位置的快速移动按钮，即可实现某一轴的自动快速进给。快速进给速率由系统参数确定其最大值，并有 F0，25%，50%，100% 四种快速倍率选择</td></tr>
<tr><td></td><td>手轮进给操作</td><td>
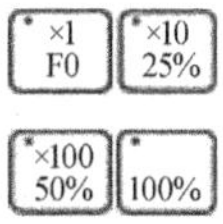
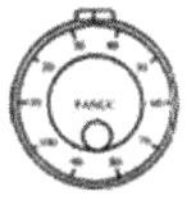</td><td colspan="2">先选择进给轴，再选择（×1，×10，×100）的增量步长，转动手摇脉冲发生器即可移动滑板，每次只能移动一个坐标轴。手摇脉冲发生器顺时针旋转方向为正向进给方向，逆时针旋转方向为负向进给方向。当选择“×1”增量步长时，表示手摇脉冲发生器转过一格（一周有 100 格），刀具移动距离为 0.001 mm。同理，“×100”表示手摇脉冲发生器转过一格时，刀具移动 0.1 mm</td></tr>
<tr><td></td><td>手动返回参考点</td><td colspan="3">在该状态下，可以执行返回参考点的功能。当相应轴返回参考点指令执行完成后，对应轴的返回参考点指示灯亮</td></tr>
<tr><td rowspan="2">4</td><td rowspan="2">循环启动执行按钮</td><td></td><td>循环启动开始按钮</td><td colspan="3">在自动运行状态下，按下“循环启动”按钮，机床自动运行加工程序</td></tr>
<tr><td></td><td>循环启动停止按钮</td><td colspan="3">在机床循环启动状态下，按下“循环停止”按钮，程序运行及刀具运动将处于暂停状态，其他功能如主轴转速、冷却等保持不变。再次按下循环启动按钮，机床重新进入自动运行状态</td></tr>
</table>

续表

序号	类别	按钮	名称	功能说明
5	主轴功能		主轴反转按钮	在 HANDLE(手轮)模式或 JOG(手动)模式下，按下该按钮，主轴将逆时针转动
			主轴正转按钮	在 HANDLE(手轮)模式或 JOG(手动)模式下，按下该按钮，主轴将顺时针转动
			主轴停转按钮	在 HANDLE(手轮)模式或 JOG(手动)模式下，按下该按钮，主轴将停止转动
			主轴点动按钮	按下主轴"点动"按钮，主轴旋转，松开该按钮，主轴则停止旋转
			主轴倍率修调旋钮	在主轴旋转过程中，可以通过主轴倍率修调按钮对主轴转速实现无级调速。每按一次主轴倍率修调按钮"＋"使主轴转速增加 10%，同样每按一下主轴倍率修调按钮"－"使主轴转速减小 10%。在加工程序执行过程中，也可对程序中指定的转速进行调节
6	液压系统功能按钮		液压启动按钮	"液压启动"按钮用于控制数控机床液压系统电源的开启与关闭
			液压尾座按钮	在液压系统开启的情况下，"液压尾座"按钮用于控制液压尾座的顶紧与松开
			液压卡盘按钮	在液压系统开启的情况下，"液压卡盘"按钮用于控制液压卡盘的夹紧与松开
7	手动冷却润滑功能按钮		间隙润滑按钮	自动对机床进行间隙性润滑，间隙时间由系统参数设定
			手动冷却按钮	每按一次"手动冷却"按钮，机床即执行切削液冷却"开"功能，再次按下该按钮，则其冷却功能停止
8	其他功能		手动转刀按钮	每按一次"刀架转位"按钮，刀架将依次转过一个刀位
			返回中断点按钮	按下该按钮，可以实现程序中断后的返回中断点操作
			刀具号显示与转速挡位数显示功能	"状态显示"用于显示了当前机床的转速挡位数与刀具号。其中左边为转速挡位数，右边为刀具号数
			"G50T"位置存储功能按钮	G50T 功能可为每一把刀具设定一个工件坐标系
			程序保护	当程序保护开关处于"ON"位置时，即使在"EDIT"状态下也不能对 NC 程序进行编辑操作。只有当程序保护开关处于"OFF"位置时，同时在"EDIT"状态下，才能对 NC 程序进行编辑操作
			超程解除按钮	当机床出现超程报警时，按住"超程解除"按钮不要松开，可使超程轴的限位挡块松开，然后用手摇脉冲发生器反向移动该轴，从而解除超程报警

表 1-3-2　FANUC 0i Mate-TC 程序输入与编辑功能键的说明

名称	功能说明
 复位键	按下该键可以使 CNC 复位或取消报警等
 帮助键	当对 MDI 键的操作不明白时，按下该键可以获得帮助
软键	根据不同的画面，软键有不同的功能。软键功能显示在屏幕的底端
 地址和数字键	按下这些键可以输入字母、数字或其他字符
 切换键	在键盘上的某些键具有两个功能。按下“SHIFT”键可以在这两个功能之间进行切换
 输入键	当按下一个字母键或者数字键时，再按该键数据被输入到缓冲区，并且显示在屏幕上。要将输入缓冲区的数据拷贝到偏置寄存器中等，请按下该键。这个键与软键中的“INPUT”键是等效的
 取消键	取消键，用于删除最后一个进入输入缓存区的字符或符号
程序功能键 	：替换键 ：插入键 ：删除键
功能键 	：按下该键以显示位置屏幕 ：按下该键以显示程序屏幕 ：按下该键以显示偏置/设置(SETTING)屏幕 ：按下该键以显示系统屏幕 ：按下该键以显示信息屏幕 ：按下该键以显示用户宏屏幕

续表

名称	功能说明
光标移动键 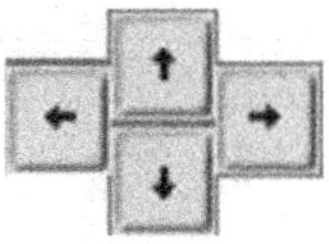	有四种不同的光标移动键： 用于将光标向右或向前移动 用于将光标向左或往回移动 用于将光标向下或向前移动 用于将光标向上或往回移动
翻页键 	有两个翻页键： 用于将屏幕显示的页面往前翻页 用于将屏幕显示的页面往后翻页

当按下一个地址或数字键时，与该键相应的字符就立即被送入输入缓冲区。输入缓冲区的内容显示在 CRT 屏幕的底部。如要输入字母 P，首先按下Shift键，这时"shift"键变为红色，然后按下O_P键，缓冲区内就可显示字母 P。再按一下Shift键，"shift"键恢复成原来颜色，表明此时不能输入右下方字符。按下CAN键可取消缓冲区最后输入的字符或符号。

2. 设定工件坐标系

在 FANUC 数控车系统中有三种方法可以设定工件坐标系。

① 通过对刀将刀偏值写入参数从而获得工件坐标系。这种方法操作简单，可靠性高，它通过刀偏与机械坐标系紧密地联系在一起，只要不断电、不改变刀偏值，工件坐标系就会存在且不会变，即使断电，重启后回参考点，工件坐标系还在原来的位置。

② 用 G50 设定坐标系，对刀后将刀移动到 G50 设定的位置才能加工。对刀时先对基准刀，其他刀的刀偏都是相对于基准刀的。

③ 在 MDI 下，运用 G54～G59 可以设定六个坐标系，这种坐标系是相对于参考点不变的，与刀具无关。这种方法适用于批量生产且工件在卡盘上有固定装夹位置的加工。

3. 程序的编辑与管理

(1) 程序的输入

在 FANUC 系统数控车床中可以采用下述几种方法来创建程序，包括 MDI 键盘方式、示教方式、编程图形对话编程和用自动编程设备(FANUC SYSTEM P)。常用 MDI 键盘输入程序的操作方法如下：

① 将 PROG PROTECTION 开关置于 ON 位置。

② 将 MODE 开关置于 EDIT 方式。

③ 按"PROG"键，用数据输入键输入程序号 O××××后，再按下"INSERT"键，则程序号被输入。

④ 按下"EOB"键，再按下"INSERT"键，则程序结束符号"；"被输入。

⑤ 依次输入各程序段，每输入一个程序段后，按下"EOB"键，再按下"INPUT"键。

重复⑤操作，直到全部程序输入完成。

(2) 程序字的检索

程序字可以被检索，通过字检索功能在程序文本中从头至尾移动光标（扫描）查找指定字或地址。以检索“S12”为例说明的检索字的操作步骤：

① 依次键入地址 S，1，2。

② 按“SRH↓”键开始检索操作，检索操作结束时，光标显示在 S12 处，按“SRH↑”键，则按反方向执行检索。

(3) 程序的修改

当程序输入后发现错误，或是程序检查中发现错误，必须进行修改，即对某些字进行修改、插入和删除。程序字是地址及其紧跟其后的数字，在具体程序编辑过程中，如果出现问题，可以对字进行插入、修改和删除。但需要注意的是，在程序执行期间，通过例如单段运行或进给暂停等操作暂停程序的执行，对程序进行修改插入或删除后不能再继续执行程序。程序字的插入、修改和删除方法如下：

① 选择 EDIT 方式，按“PROG”键进入程序页面。

② 选择要编辑的程序。如果要编辑程序已被选择，执行第④步操作；如果要编辑程序未被选择，用程序号检索。

③ 检索要修改的字。

④ 执行字的修改、插入或删除。当插入字时，在插入字之前检索或扫描字，然后键入要插入的地址和数据，按“INSERT”键；当修改字时，检索或扫描要修改的字，然后键入要插入的地址和数据，按“ALTER”键；当删除字时，检索或扫描要修改的字，然后按“DELETE”键。

(4) 程序的删除

程序的删除包括删除在存储器中存储的单个程序，同时删除全部程序，指定一个范围来删除多个程序。删除存储器中的程序的操作方法：

① 选择“EDIT”（编辑）键，进入程序页面。

② 依次键入地址键[O]、数字键[0]、[0]、[0]、[1]，输入程序名 O0001（以程序 O0001 为例），按[删除 DEL]键，O0001 程序被删除；如果依次输入地址键[O]，符号健[-]，数字键[9]、[9]、[9]，按[删除 DEL]键，则全部程序被删除。

任务实施

1. 实施方案

实施方案见表 1-3-3。

表 1-3-3 实施方案

步骤	实施任务主要内容	实施方式	实施场所
1	了解 FANUC 0i Mate-TC 系统的数控操作面板	仿真教学、操作演示，学生操作	计算机机房车间现场
2	装夹工件和安装刀具	教师讲解、演示，学生操作	车间现场

续表

步骤	实施任务主要内容	实施方式	实施场所
3	对刀操作	教师讲解、演示，学生操作	车间现场
4	手轮操作机床完成工件切削	教师讲解、演示，学生操作	车间现场

2. 具体实施过程

(1) 开机与返回参考点操作

开机与返回参考点的操作步骤如下：

① 按数控车床操作规程进行必要的检查。

② 打开数控车床后面电气柜的总开关。

③ 查看“紧急停止”按钮，如已按下，则顺时针旋转“紧急停止”按钮进行解除。

④ 按下操作面板上的“系统启动”键，使机床启动。

⑤ 在工作方式中按下“回零”键，然后按“$+x$”、“$+z$”键，分别进行返回参考点操作。

(2) 安装毛坯和刀具

安装毛坯和刀具的操作过程和注意事项参考项目一中的任务二。

(3) 对刀

采用试切法对刀，操作步骤如下：

① 按HANDLE键进入手轮方式，在安全位置选择好所要对的刀。

② 按CW键启动主轴，旋动手轮，将车刀移动到工件附近，调整进给速率到低速挡，控制刀具切削外圆。

③ 手轮方式下沿 z 轴方向，退刀离开工件，按STOP键停止主轴。

④ 测量刀具切削过的外圆直径，并记录下来。

⑤ 按OFFSET SETTING键进入参数设定页面，按“补正”键，按“形状”键，进入刀具补偿窗口如图1-3-3。按←或→选择补偿参数编号，按↓或↑选择补偿号。

⑥ 输入“x 和测得的直径值”，按INSERT键，再按“测量”键，完成 x 轴向对刀。

⑦ 按CW键启动主轴，旋动手轮，将车刀移动靠近工件，调整进给速率到低速挡，控制刀具切削右断面。

⑧ 沿 x 轴正向退刀，离开工件，按STOP键停止主轴。

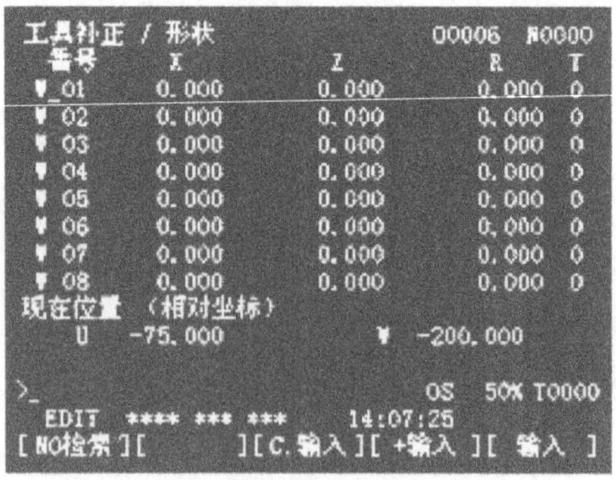

图 1-3-3 刀具补偿窗口

⑨ 重复步骤⑤，选择补偿参数编号，输入“Z0”，按INSERT键，再按“测量”键，完成 z 轴向对刀。

(4) 手轮方式下控制刀架完成工件切削

切削操作步骤如下：

① 按 HANDLE 键进入手轮方式，按 X 键或 Z 键控制手轮的移动轴向。

② 使用手轮进给倍率按钮选择手轮的进给倍率。

③ 摇动手轮，精确控制机床的移动。注意：移动方向要正确，防止发生撞击，进给倍率在切削时控制为0.01，远离工件时的倍率取0.1。

(5) 关机

按下急停开关，断开控制器电源，断开空气开关。

2

项目二

阶梯轴加工

实训报告及任务评价

任务一 数控加工工艺设计

任务描述

阶梯轴是机械传动中常见的结构，是一种典型的轴类零件。在图 2-1-1 所示的工件中，其毛坯是直径为ϕ30 mm 的铝棒，有足够的夹持长度，单件生产，要求完成该零件的数控加工工艺设计。

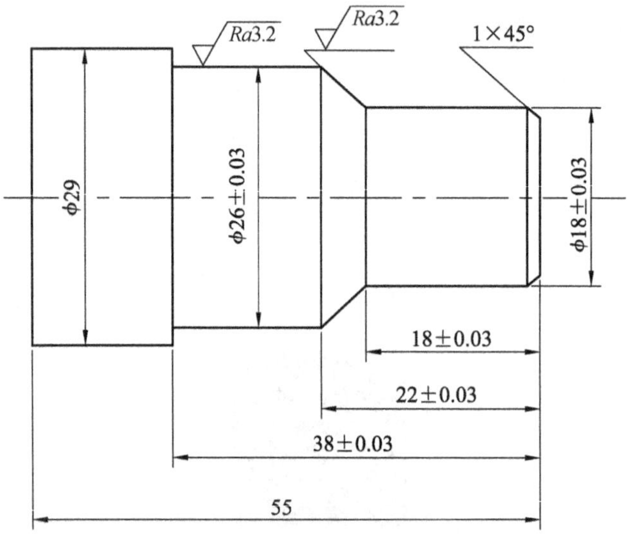

图 2-1-1 阶梯轴

任务分析

该任务需要学习简单阶梯轴类零件的工艺分析，合理安排加工步骤和选择切削参数，能编制阶梯轴的数控加工工艺文件。

◎**知识点：**

◇ 加工方法的确定；

◇ 刀具的选择；

◇ 切削用量选择；

◇ 进给路线规划。

◎**技能点：**

◇ 编制数控加工工艺文件（数控加工工序卡、数控加工刀具卡）。

理论与工艺知识

1. 零件的工艺分析

零件的工艺分析是工艺文件准备中的首要工作，它包括零件轮廓的几何条件、尺寸、形状位置公差要求、表面粗糙度要求、毛坯、材料与热处理要求及生产批量的分析，这些都是制订合理加工工艺方案必须考虑的，也直接影响到加工程序的编制及加工结果。零件的工艺分析主要包括以下内容：

① 尺寸标注是否合理。零件的尺寸标注应符合数控加工的特点，在数控编程中，零件所有点、线、面的尺寸和位置都是以工件坐标原点为基准的，因此零件图样上最好直接给出坐标尺寸，或尽量以同一基准标注尺寸。

② 检查构成零件轮廓的几何要素是否完整、准确。在编制程序前，必须对构成零件轮廓的几何要素参数及各几何要素之间的关系掌握清楚。因为在自动编程时要对零件轮廓的所有几何要素进行定义，手工编程时要计算出每个基点的坐标，无论哪一点不明确或不确定，编程都无法进行。如圆弧与直线、圆弧与圆弧之间的关系是相切还是相交或相离，图样上存在图线位置模糊、尺寸封闭等缺陷，这些问题不仅增加编程工作的难度，有时甚至导致无法编程，或由于图样几何条件不清，造成加工失误，使零件报废，产生不必要的损失。

③ 分析尺寸公差、表面粗糙度要求。分析零件图样的尺寸公差要求和表面粗糙度要求，是确定机床、刀具、切削用量，以及确定零件尺寸精度的控制方法、手段和加工工艺的重要依据。在分析过程中，应对不同精度要求和表面粗糙度要求的尺寸，在刀具选择、切削用量、走刀路线等方面进行合理的选择，并将这些选项在程序编制中予以应用。

④ 分析形状和位置公差要求。零件的形状和位置公差是保证零件精度的重要技术要求，在工艺准备过程中，应按图样的形状和位置公差要求来确定零件的定位基准、加工工艺，以保证零件加工精度。

⑤ 结构工艺性分析。零件的结构工艺性是指零件对加工方法的适应性，即所设计的零件结构有利于加工成形。在数控车床上加工零件时，应根据数控车削的特点，认真审视零件结构的合理性，以便选择定位基准。

⑥ 分析零件材料和热处理要求。零件材料的性质和热处理要求与加工性质和加工方法的选择有密切的关系，不同的材料对刀具选择和切削用量选择有不同的要求，选择得合理与否，对加工能否顺利进行，对刀具寿命都有较大的影响。

2. 确定加工方法

(1) 加工工序的划分

工序的划分可以采用两种不同的原则，即工序集中原则和工序分散原则。在数控车床上加工零件，应按工序集中的原则划分工序，在一次安装下尽可能完成大部分甚至全部的表面加工，以减少重复装夹次数与换刀次数。需要注意的是，上道工序的加工不能影响下道工序的定位与夹紧，中间穿插有普通机床加工工序的也要综合考虑，并力求设计基准、工艺基准和工件坐标系原点的统一。在批量生产中，常用以下方法划分工序：

① 按零件加工表面划分。将位置精度要求较高的表面安排在一次安装下完成，以免

多次安装所产生的安装误差影响位置精度。

② 以粗、精加工划分工序。对于易发生加工变形的零件，由于粗加工后可能产生较大的变形而需要进行校正，故一般来说，凡要进行粗、精加工的零件，都要将工序分开。对于毛坯余量较大和精加工的精度要求较高的零件，应将粗车和精车分开，划分成两道或多道工序。将粗车安排在精度较低、功率较大的数控车床上加工，将精车安排在精度较高的数控车床上加工。

③ 以同一把刀具加工的内容划分工序。有些零件虽然能在一次安装中加工出很多个表面，但程序就会太长，会受到某些限制。例如数控系统的限制（主要是内存容量），机床连续工作时间的限制（如一道工序在一个工作班内不能结束）等。另外，程序太长会增加出错几率与检索时间，因此程序不宜太长，一道工序的加工内容不能太多。

④ 以加工部位划分工序。对于加工内容很多的工件，可按其结构特点将加工部位分成几个部分，如内腔、外形、曲面或平面，并将每一部分的加工作为一道工序。

（2）加工顺序的安排

加工顺序的安排应根据零件的结构和毛坯状况，以及定位与夹紧的需要考虑，重点是工件的刚性不被破坏。加工顺序一般应按下列原则安排：

① 先粗后精。在车削加工中，应先安排粗加工工序。在较短的时间内，将毛坯的加工余量去掉，以提高生产效率。同时应尽量满足精加工的余量均匀性要求，以保证零件的精加工质量。在零件进行了粗加工后，应接着安排换刀后进行的半精加工或精加工。安排半精加工的目的在于：当粗加工后所留余量的均匀性满足不了精加工要求时，可安排半精加工作为过渡性工序，使精加工的余量基本一致，便于尺寸精度的控制。

② 先近后远。这里所说的远与近，是按加工部位相对于起刀点的距离而言的。一般情况下，在数控车床的加工中，通常安排离起刀点近的部位先加工，离起刀点远的部位后加工，这样，不仅可缩短刀具移动的距离，减少空走刀次数，提高效率，还有利于保证工件的刚性，改善切削条件。

③ 先内后外。在加工既有内表面（内孔），又有外表面的零件时，应先安排进行内表面、外表面粗加工，再进行内、外表面的精加工，这样易于控制内、外表面的尺寸和表面形状的精度。不可以将工件上一部分表面粗、精加工完毕后，再粗、精加工其他表面。

④ 刚性优先。在同一次安装中进行的多道工序，应先安排对工件刚性破坏较小的工序。

（3）工件安装方式的确定

工件在切削加工前对其进行定位与夹紧的过程称为工件安装。在工件加工的工艺过程中，首先要合理选择定位基准，以保证工件的尺寸和相互位置精度。定位基准有两种：一种是以毛坯表面作为基准面的粗基准；另一种是以已加工表面作为基准面的精基准。在确定定位基准与夹紧方式时，应注意以下几点：

① 力求设计基准、工艺基准与编程计算基准的统一，以减少基准不重合误差的产生和编程中的计算工作量。

② 选择粗基准时，应尽量选择不加工表面或能牢固、可靠地进行装夹的表面，并注意粗基准不能重复使用。

③ 选择精基准时，应尽可能采用设计基准或装配基准作为定位基准，并尽量与测量基准重合。基准重合是保证零件加工质量理想的工艺手段。

④ 尽量减少工件的安装次数，做到一次定位夹紧后能加工出全部或大部分待加工表面，以减少安装误差，提高加工表面之间的相互位置精度。

3. 切削刀具的选择

(1) 数控车床用刀具的要求

数控车床用的刀具与普通车床用的刀具相比，在刀具类型、材料、刀头结构与几何参数及切削方式等方面均无多大差别。但是，对数控车床来说，其主轴转速较普通车床的主轴转速高 1～2 倍，某些特殊用途的数控车床主轴转速高达每分钟上万转，因此数控车床用的刀具必须适应数控车床高速、高效和自动化程度高的特点，尤其是刀具刚性与刀具寿命至关重要。一般来说，数控车床用的刀具应具有以下特点：

① 刚性好(尤其是粗加工刀具)，精度高，抗震性强及热变形小；寿命长，切削性能稳定、可靠。

② 断屑及排屑性能好，以利于切屑的排除；互换性好，便于快速换刀，尺寸便于调整，以减少换刀调整时间；系列化、标准化，以利于编程和刀具管理。

(2) 常用刀具类型

由于工件材料、生产批量、加工精度及机床类型、工艺方案的不同，车刀的种类也异常繁多。根据与刀体的连接固定方式的不同，车刀主要可分为焊接式与机械夹固式两大类。

① 焊接式车刀。将硬质合金刀片用焊接的方法固定在刀体上称为焊接式车刀。这种车刀的优点是结构简单，制造方便，刚性较好；缺点是由于存在焊接应力，使刀具材料的使用性能受到影响，甚至出现裂纹。根据共建加工表面及用途不同，焊接式车刀包括切断刀、外圆车刀、端面车刀、内孔车刀、螺纹车刀及成形车刀等，如图 2-1-2 所示。

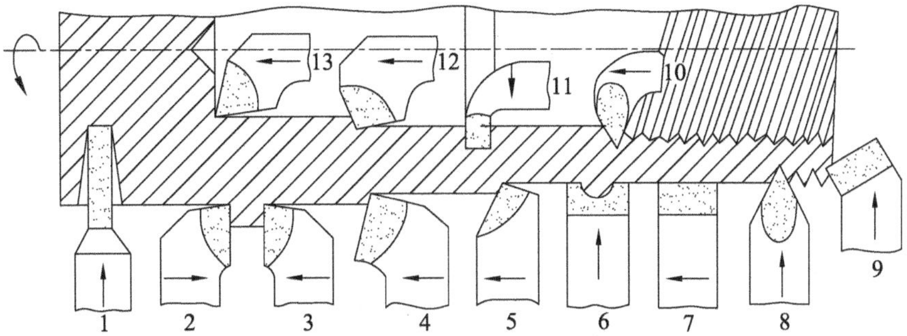

1—切断刀；2—90°左偏刀；3—90°右偏刀；4—弯头车刀；5—直头车刀；
6—成形车刀；7—宽刃车刀；8—外螺纹车刀；9—端面车刀；10—内螺纹车刀；
11—内沟槽刀；12—通孔车刀；13—不通孔车刀

图 2-1-2 常用焊接式车刀的种类

② 机械夹固式可转位车刀。机械夹固式可转位车刀是已经实现机械加工的标准化、系列化的车刀。数控车床常用的机夹可转位车刀结构如图 2-1-3 所示，主要由刀柄、刀片、刀垫及夹紧元件组成。刀片有多个切削刃，当某切削刃磨损钝化后，只需松开夹紧元

件，转换切削刃便可继续使用，便于实现机械加工的标准化，数控车削加工时，应尽量采用此类型车刀。

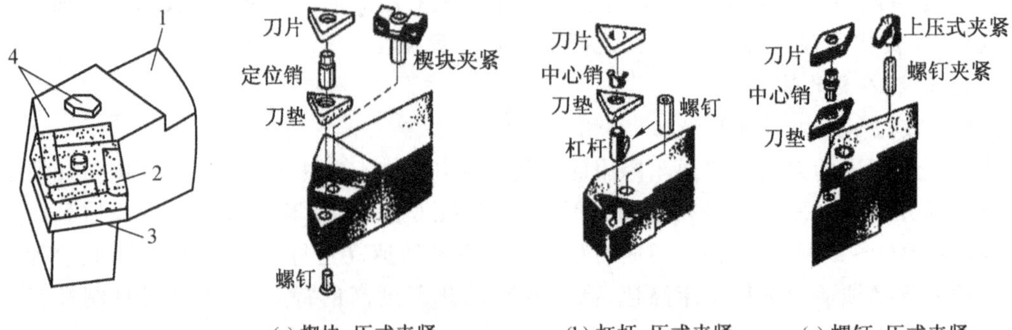

(a) 楔块-压式夹紧　　(b) 杠杆-压式夹紧　　(c) 螺钉-压式夹紧

1—刀柄；2—刀片；3—刀垫；4—夹紧元件

图 2-1-3　机械夹固式可转位车刀

刀片是机械夹固式可转位车刀一个最重要的组成元件。按照国标 GB 2076－87，大致可分为带圆孔、带沉孔及无孔三大类，形状有三角形、正方形、五边形、六边形、圆形及菱形等共 17 种。图 2-1-4 所示为常见的几种刀片形状及角度。

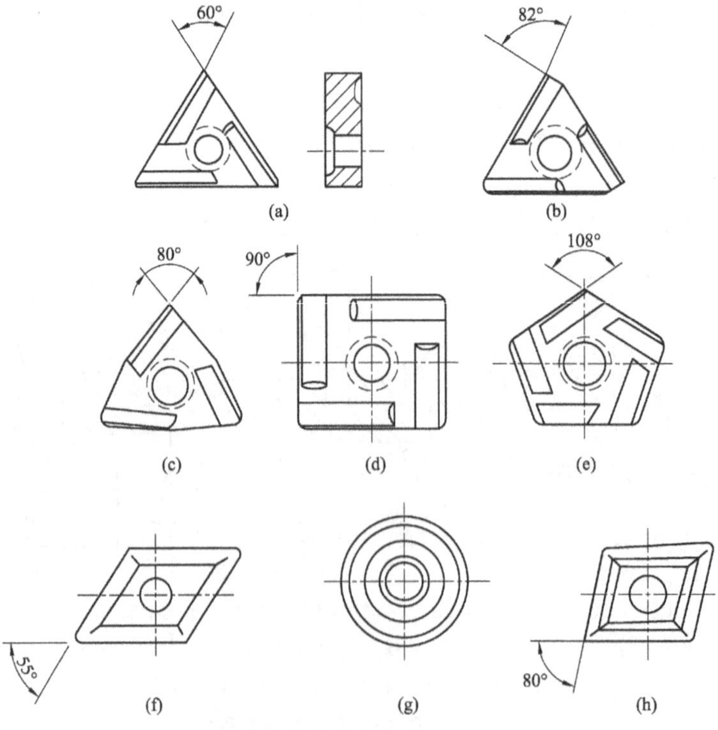

图 2-1-4　机械夹固式可转位车刀常见的刀片形状及角度

表 2-1-1 所示为车削加工时被加工表面及适用主偏角从 45°到 95°的刀片形状。具体使用可查阅相关刀具手册选取。

表 2-1-1　被加工表面与使用的刀片形状

车削外圆表面	主偏角	45°	45°	60°	75°	95°
	刀片形状及加工示意图	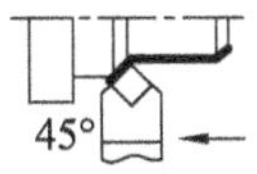	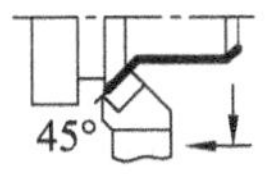	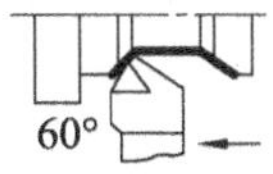	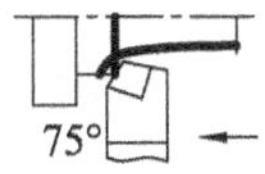	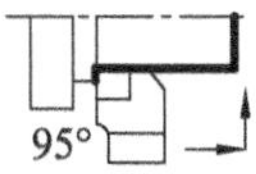
	推荐选用刀片	SCMA SPMR SCMM SNMM-8 SPUN SNMM-9	SCMA SPMR SCMM SNMG SPUN SPGR	TCMA TNMM-8 TCMM TPUN	SCMM SPUM SCMA SPMR SNMA	CCMA CCMM CNMM-7
车削端面	主偏角	75°	90°	90°	95°	
	刀片形状及加工示意图	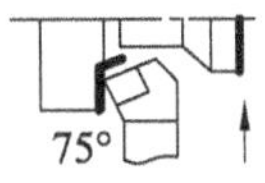	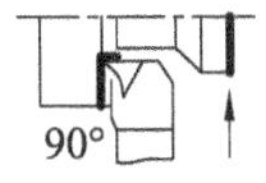	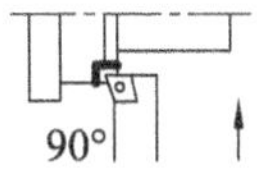	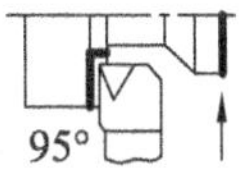	
	推荐选用刀片	SCMA SPMR SCMM SPUR SPUN CNMG	TNUN TNMA TCMA TPUM TCMM TPMR	CCMA	TPUN TPMR	
车削成形面	主偏角	15°	45°	60°	90°	93°
	刀片形状及加工示意图	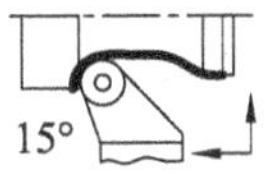	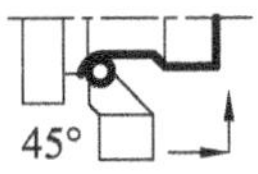	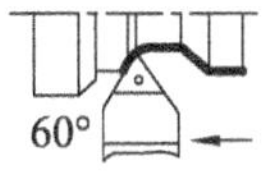	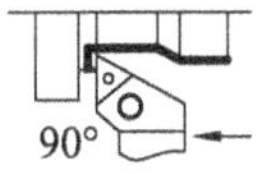	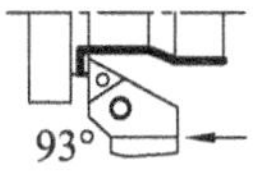
	推荐选用刀片	RCMM	RNNG	TNMM-8	TNMG	TNMA

4．切削用量的选择

数控车削加工中的切削用量是机床主体的主运动和进给运动速度大小的重要参数，包括背吃刀量 a_p、主轴转速 $S(n)$或切削速度 V_c、进给量 f 或进给速度 V_f，与普通车床加工中所要求的各切削用量基本一致。切削用量选择合理与否对加工质量、加工效率、生产成本等有着非常重要的影响。所谓"合理的"切削用量是指充分利用刀具切削性能和机床动力性能(功率、扭矩)，在保证质量的前提下，获得高的生产率和低的加工成本的切削用量。在加工程序的编制工作中，选择好切削用量，使背吃刀量、主轴转速和进给速度三者之间能互相适应，形成最佳切削参数，是工艺处理的重要内容之一。在选择切削用量时，应根据下述原则选择。粗车时，首先考虑选择一个尽可能大的背吃刀量 a_p，其次选择一个较大的进给量 f，最后确定一个合适的切削速度 V_c。增大背吃刀量 a_p 可使走刀次数减少，增大进给量 f 有利于断屑。因此，根据以上原则选择粗车切削用量，对于提高生产效率、减少刀具消耗、降低加工成本是有利的。精车时，加工精度和表面粗糙度要求较高，切削余量不大且较均匀，选择精车切削用量时，应着重考虑如何保证加工质量，并在此基础上尽量提高生产率。因此，精车时应选用较小(但不宜太小)的背吃刀量 a_p 和进给量 f，并选用切削性能高的刀具材料和合理的几何参数，以尽可能提高切削速度 V_c。

(1) 背吃刀量 a_p 的确定

在工艺系统刚性和机床功率允许的情况下，为了缩短加工时间，粗加工时应尽可能选取较大的背吃刀量，以便在一次走刀后切去大部分余量。一般用硬质合金刀具粗加工钢料和铸铁时，背吃刀量 a_p 取 1.5～6 mm；精加工时取 $a_p<0.5$ mm；加工淬硬钢料时，一般都为半精加工或精加工，余量和背吃刀量较小。当零件精度要求较高时，应考虑留出精加工余量，其所留的精加工余量一般比普通车削时所留余量小，通常取 0.1～0.5 mm。

(2) 进给量 f 的确定

进给量 f(有些数控车床用进给速度 V_f)的选择主要受刀片强度及工艺系统刚性的影响，精加工时还受被加工表面粗糙度的影响，因此进给量的选择应该与切削深度和主轴转速相适应。在保证工件加工质量的前提下，粗加工时可适当选择高一些的进给速度；在精车或切断、车削内孔时，应选择较低的进给速度。当刀具处于空行程特别是返回程序起点时，可以设定尽量高的进给速度。用硬质合金刀具加工普通钢料或铸铁，粗车时，一般取 $f=0.3～0.8$ mm/r；精车时，常取 $f=0.05～0.25$ mm/r；切断时，$f=0.05～0.2$ mm/r；加工淬硬钢料时根据硬度不同而选取不同的进给量，一般取 $f=0.1～0.3$ mm/r。

(3) 主轴转速 S 的确定

车外圆时，主轴转速应根据零件上被加工部位的直径，并按零件和刀具材料及加工性质等条件所允许的切削速度来确定。

$$S=1000V_c/d\ (\text{r/min})$$

式中：d——待加工工件直径(mm)；

V_c——切削速度(mm/min)。

表 2-1-2 为硬质合金外圆车刀切削速度的参考值。

表 2-1-2 硬质合金外圆车刀切削速度参考值

工件材料	热处理状态	a_p/mm		
		(0.3,2]	(2,6]	(6,10]
		$f/(\text{mm}\cdot\text{r}^{-1})$		
		(0.08,0.3]	(0.3,0.6]	(0.6,1]
		$V_c/(\text{m}\cdot\text{min}^{-1})$		
低碳钢、易切钢	热轧	140～180	100～120	70～90
中碳钢	热轧	130～160	90～110	60～80
	调质	100～130	70～90	50～70
合金结构钢	热轧	100～130	70～90	50～70
	调质	80～110	50～70	40～60
工具钢	退火	90～120	60～80	50～70
工件材料	热处理状态	a_p/mm		
		(0.3,2]	(2,6]	(6,10]
		$f/(\text{mm}\cdot\text{r}^{-1})$		
		(0.08,0.3]	(0.3,0.6]	(0.6,1]
		$V_c/(\text{m}\cdot\text{min}^{-1})$		

续表

工件材料	热处理状态	a_p/mm		
		(0.3,2]	(2,6]	(6,10]
		f/(mm·r^{-1})		
		(0.08,0.3]	(0.3,0.6]	(0.6,1]
		V_c/(m·min^{-1})		
灰铸铁	HBS<190	90～120	60～80	50～70
	HBS=190～225	80～110	50～70	40～60
高锰钢			10～20	
铜及铜合金		200～250	120～180	90～120
铝及铝合金		300～600	200～400	150～200
铸铝合金(w_{si}13%)		100～180	80～150	60～100

5. *加工路线规划*

刀具刀位点相对于工件的运动轨迹和方向称为进给路线，即刀具从对刀点开始运动起直至加工结束所经过的路径，包括切削加工的路径及刀具切入、切出等切削空行程。在数控车削加工中，因精加工的进给路线基本上都是沿零件轮廓的顺序进行，因此确定进给路线的工作重点主要在于确定粗加工及空行程的进给路线。加工路线的确定必须在保证被加工零件的尺寸精度和表面质量的前提下，按最短进给路线的原则确定，以减少加工过程的执行时间，提高工作效率。在此基础上，还应考虑数值计算的简便，以方便程序的编制。

下面是数控车削外圆加工零件时常用的加工路线。

(1) 轮廓粗车加工路线

确定粗车进给路线应根据最短切削进给路线的原则，同时兼顾工件的刚性和加工工艺性等要求。

图 2-1-5 给出了三种不同的轮廓粗车切削进给路线，其中图 2-1-5a 表示利用数控系统的循环功能控制车刀沿着工件轮廓线进给的路线；图 2-1-5b 所示为三角形平行式(车锥法)进近给路线；图 2-1-5c 刀具损耗最少。

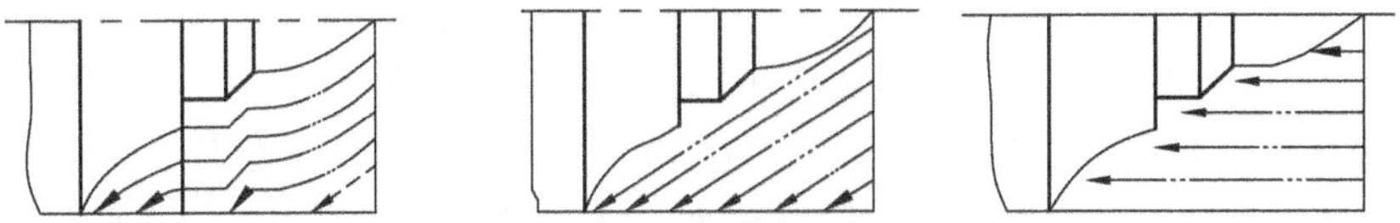

(a) 仿形式进给路线　(b) 平行式进给路线　(c) 轴向进给路线

图 2-1-5　粗车进给路线示意图

(2) 车削圆锥的加工路线

在数控车床上车削外圆锥可以分为车削正圆锥和车削倒圆锥两种情况，而每一种情况又有两种加工路线。图 2-1-6 所示为车削正圆锥的两种加工路线。按图 2-1-6a 所示的方法车削正圆锥时，需要计算终刀距 s，刀具切削运动的距离较短，每次背吃刀量 a_p 相等，但需要通过计算才能得到刀具切削终点位置。按图 2-1-6b 所示的进给路线车削正圆锥时，则不需要计算终刀距，只要确定背吃刀量 a_p，即可车出圆锥轮廓，但是每次切削背吃刀量 a_p 是变化的，而且切削运动的路线较长。

图 2-1-7a、图 2-1-7b 所示为车削倒锥的两种加工路线，分别与图 2-1-6a、图 2-1-6b 相对应，其车锥原理与正圆锥相同，有时在粗车圆弧时也经常使用。

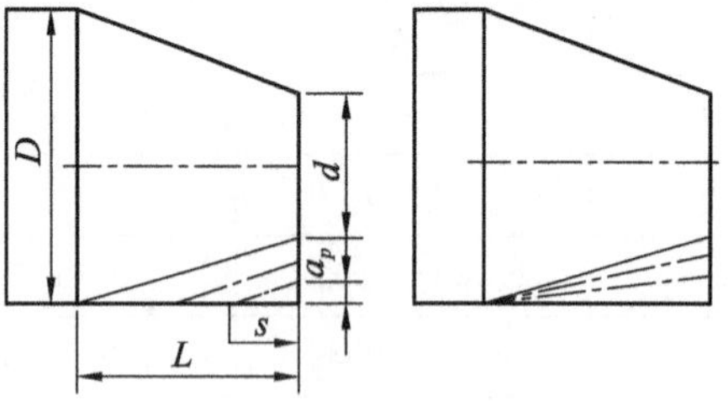

(a) 平行式进刀　(b) 切削终点相同的进刀

图 2-1-6　粗车正锥进给路线示意图

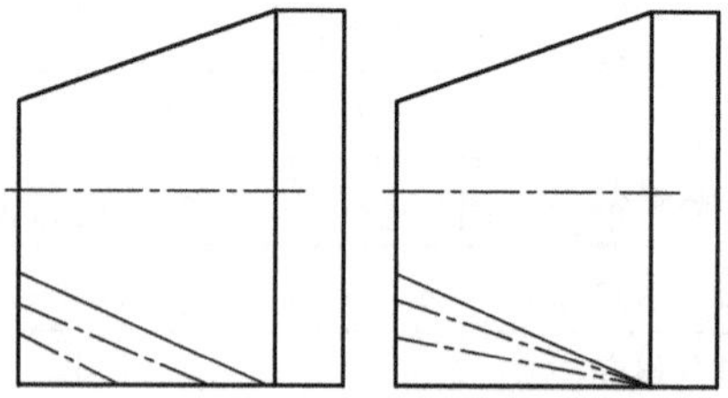

(a) 平行式进刀　(b) 切削终点相同的进刀

图 2-1-7　粗车倒锥进给路线示意图

(3) 车削圆弧的加工路线

在粗加工圆弧时，因其切削余量大，且不均匀，经常需要进行分层切削。在切削过程中，可以采用多种不同的方法，现将常用方法介绍如下：

① 车锥法粗车圆弧。图 2-1-8 所示为车锥法粗车圆弧的切削路线，即先车削一个圆锥，再车圆弧。在采用车锥法粗车圆弧时，要注意车锥时的起点和终点的确定。若确定不好，则可能会损坏圆弧表面，也可能将余量留得过大。确定方法是连接 OB 交圆弧于点 D，过点 D 作圆弧的切线 AC。由几何关系得：

$$BD = OB - OD = 0.414R$$

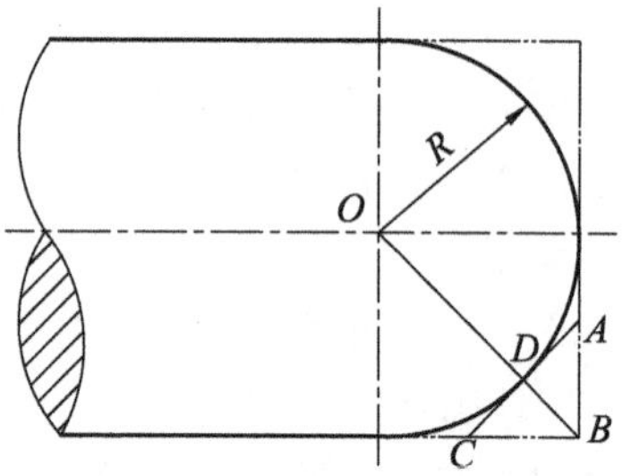

图 2-1-8　车锥法粗车圆弧示意图

此为车锥时的最大切削余量，即车锥时，加工路线不能超过 AC 线。由 BD 和 $\triangle ABC$ 的关系即可算出 BA，BC 的长度，即圆锥的起点和终点。当 R 不太大时，可取 $AB=BC=0.4R$，此方法数值计算较为烦琐，但其刀具切削路线较短。

② 车矩形法粗车圆弧。不超过 1/4 的圆弧，当圆弧半径较大时，其切削余量往往较大，此时可采用车矩形法粗车圆弧。当采用车矩形法粗车圆弧时，关键要注意每刀切削所留的余量应尽可能保持一致，严格控制后面的切削长度不要超过前一刀的切削长度，以防崩刀。图 2-1-9 是车矩形法粗车圆弧的两种进给路线，图 2-1-9a 是错误的进给路线，图 2-1-9b 按从 1 到 5 的顺序车削，每次车削所留余量基本相等，是正确的进给路线。

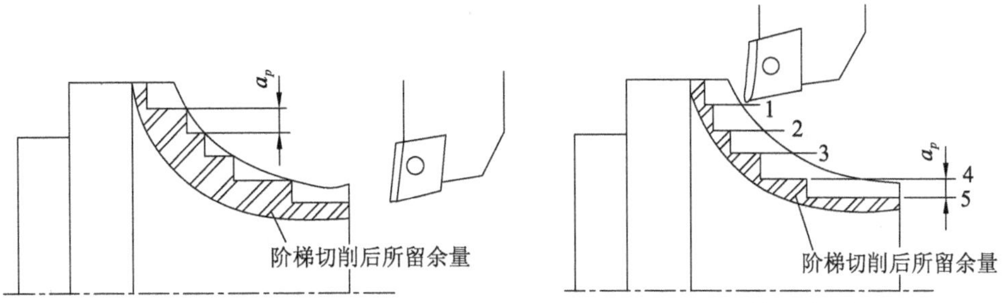

(a) 错误的进给路线　　(b) 正确的进给路线

图 2-1-9　车矩形法粗车圆弧示意图

③ 车圆弧法粗车圆弧。前面两种方法粗车圆弧，所留的加工余量都不均匀，用 G02(或 G03)指令粗车圆弧，若一次就把圆弧加工出来，会导致背吃刀量太大，容易伤刀，所以，实际切削时常常采用多刀粗车圆弧，先将大部分余量切除，最后才车到所需圆弧，如图 2-1-10 所示。此方法的优点在于每次背吃刀量相等，数值计算简单，便于编程；所留的余量相等，有助于提高精加工质量，但加工的空行程较长，常用于较复杂的圆弧粗车。

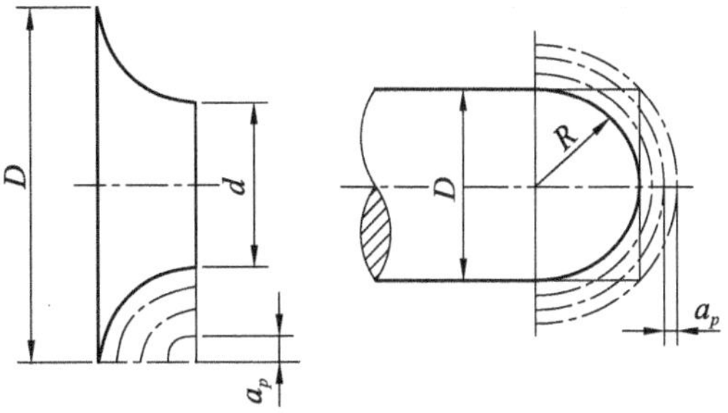

图 2-1-10　车圆法粗车圆弧示意图

(4) 轮廓精车加工路线

在安排轮廓精车进给路线时，应妥善考虑刀具的进、退刀位置，避免在轮廓中安排切入和切出，避免换刀及停顿，以免因切削力突然发生变化而造成弹性变形，致使在光滑连续的轮廓上产生表面划伤、形状突变或滞留刀痕等缺陷。合理的轮廓精车进给路线应是连续走刀加工而成。

零件加工的进给路线，应综合考虑数控系统的功能、数控车床的加工特点及零件的特点等多方面的因素，灵活使用各种进给方法，从而提高生产效率。

任务实施

1. 加工零件的结构分析与精度分析

图 2-1-11 所示零件的外形较简单，需要加工端面、外圆并切断。

① 结构分析。在数控车削加工中，该轴零件结构形状简单，零件的尺寸标注完整。

② 精度分析。在数控车削加工中，零件重要的径向加工部位有 ϕ18 mm 外圆和 ϕ26 mm 外圆。零件重要的轴向加工部位有零件轴向长度 ϕ18 mm、ϕ22 mm 和 ϕ38 mm。

由此，可确定零件的轴向尺寸应该以零件右端为基准。

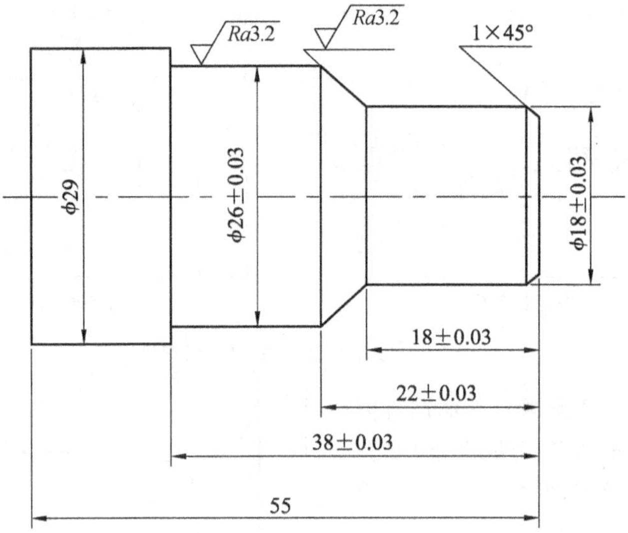

图 2-1-11 阶梯轴

2. 确定零件的装夹方案

该任务工件结构简单，可采用三爪自定心卡盘装夹工件，如图 2-1-12 所示。工件装夹时尽量减小跳动量，伸出长度要合适，保证程序在运行时不会因为工件伸出长度太短而无法加工。

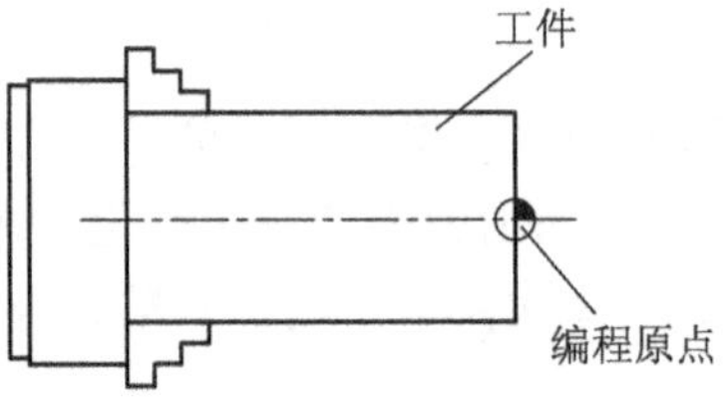

图 2-1-12 零件装夹示意图

3. 确定切削用量

因为铝料硬度较低，车削切削力较小，可选用 90°硬质合金外圆刀进行粗、精加工，切削用量可参考刀具切削手册修整选用，具体确定如下：

① 平端面与粗车外圆。主轴转速 $n=800$ r/min，进给量 $f=100\sim120$ mm/min，背吃刀量 $a_p=1.5$ mm。

② 精车外圆。主轴转速 $n=1\ 200$ r/min，进给量 $f=80\sim100$ mm/min，背吃刀量 $a_p=0.5$ mm。

4. 填写加工工艺文件

① 按加工顺序将各工步的加工内容、所用刀具及切削用量等填入表 2-1-3 中。

表 2-1-3 数控加工工序卡

<table>
<tr><td rowspan="2">（工厂）</td><td rowspan="2">数控加工工序卡片</td><td colspan="2">产品名称或代号</td><td colspan="2">零件名称</td><td colspan="2">材料</td><td>零件图号</td></tr>
<tr><td colspan="2"></td><td colspan="2"></td><td colspan="2">铝</td><td></td></tr>
<tr><td>工序号</td><td>程序编号</td><td colspan="2">夹具编号</td><td colspan="2">使用设备</td><td colspan="3">车间</td></tr>
<tr><td></td><td></td><td colspan="2"></td><td colspan="2"></td><td colspan="3"></td></tr>
<tr><td>工步号</td><td>工步内容</td><td>加工面</td><td>刀具号</td><td>刀具规格/mm</td><td>主轴转速/(r/min)</td><td>进给量/(mm/min)</td><td>背吃刀量/mm</td><td>备注</td></tr>
<tr><td>1</td><td>粗车右端面</td><td></td><td>T01</td><td></td><td>800</td><td>120</td><td></td><td></td></tr>
<tr><td>2</td><td>粗车各段外圆</td><td></td><td>T01</td><td></td><td>800</td><td>120</td><td>1.5</td><td></td></tr>
<tr><td>3</td><td>精车各段外圆</td><td></td><td>T01</td><td></td><td>1000</td><td>80</td><td>0.5</td><td></td></tr>
<tr><td>编制</td><td></td><td>审核</td><td></td><td>批准</td><td colspan="2"></td><td>共 页</td><td>第 页</td></tr>
</table>

② 刀具与切削用量见表 2-1-4。

表 2-1-4 数控加工刀具类型与切削用量

切削内容	刀具号	刀具名称	刀具材料	主轴转速/(r/min)	进给量/(mm/min)
车外圆	T01	外圆车刀	硬质合金	1000/800	120/80

任务二 数控加工程序编写

任务描述

根据零件的实际加工要求与编程操作方便性要求，正确选用绝对坐标、增量坐标编程，直径、半径编程等。掌握 FANUC 0i Mate-TC 数控车削系统和广州数控 GSK980TD 系统编程相关规则和程序编制的一般步骤。用规定的数控编程代码和程序格式完成图 2-2-1 所示零件的数控加工程序。

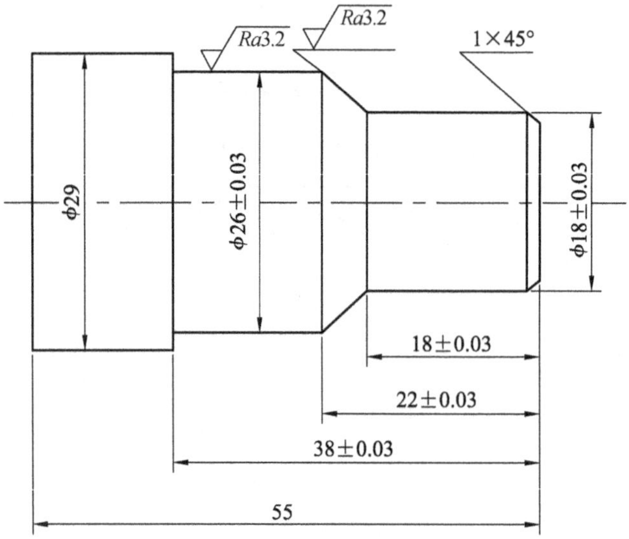

图 2-2-1 阶梯轴

任务分析

零件程序是由数控装置专用编程语言书写的一系列指令组成的，数控装置将零件程序转化为对机床的控制动作。针对某种数控系统，一个程序的正确性要求程序语法要能被数控系统识别，同时，程序语义能正确地表达加工工艺要求。数控系统的种类繁多，为实现系统兼容，国际标准化组织制定了相应的标准，我国在国际标准基础上制定了相应的国家标准。因此，编程时必须根据具体的数控系统或机床，严格按照编程手册中的规定进行程序编制。

◎**知识点：**

◇ 数控编程的一般步骤；

◇ 数控程序结构；

◇ 数控编程指令。

◎**技能点：**

◇ 应用基本指令编制工件程序。

理论与工艺知识

在数控加工中，为使数控机床能根据零件加工的要求进行运动，必须将加工要求以机床数控系统能识别的指令形式指定给数控系统，这种数控系统可以识别的指令称为程序，制作程序的过程称为数控编程。数控编程是实现数控加工的关键环节，它包括从零件图样分析到获得数控加工程序的全过程，加工程序不仅应保证加工出符合图样要求的合格零件，同时应能使数控机床的功能得到合理的利用与充分的发挥，使数控机床能安全、可靠、高效地工作。

1. 数控编程的内容与步骤

数控编程主要包括分析零件图样、辅助准备、工艺处理、数值计算、编写加工程序单、输入程序、程序校验和首件试加工，如图 2-2-2 所示。

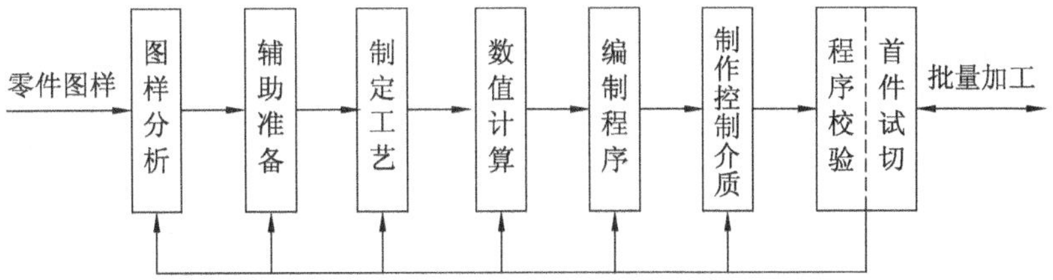

图 2-2-2 数控编程的一般过程

(1) 零件图样分析

对零件图进行分析，明确加工的内容和要求，确定加工方案，选择适合的数控机床，选择设计刀具和夹具，确定合理的走刀路线及选择合理的切削用量等。

(2) 辅助准备

确定机床、刀具、夹具、机床坐标系、编程坐标系和对刀点位置等。

(3) 制定加工工艺

选择零件加工的工艺方案、确定和分配加工余量、确定刀具运动方向、加工路线、工序、切削用量、程序编制的允许误差等工艺参数，在确定工艺的过程中，应充分考虑所用数控车床的性能，做到加工路线合理、走刀次数少和加工时间短。

(4) 数值计算

在加工工艺方案确定后，就需要根据零件的几何尺寸和加工路线等，计算刀具中心运动轨迹，以获得刀位点数据。数控系统一般具有直线插补和圆弧插补功能，对于加工由圆弧和直线组成的较简单平面零件，只需要计算出零件轮廓上相邻几何元素交点或切点的坐标值，得出各几何元素的起点、终点和圆弧的圆心坐标值等，就能满足编程要求。当零件的几何形状与控制系统的插补功能不一致时，就需要进行较复杂的数值计算，一般需要使用计算机辅助计算，否则难以完成。

(5) 编写程序单

根据制定的加工路线、切削用量、刀具类型、刀具补偿及刀具轨迹等条件，按照机床数控系统规定的指令代码及程序格式，逐段编写零件加工程序。

(6) 制作控制介质并输入程序

将加工程序输入数控机床的方式有光电阅读机、键盘、磁盘、存储卡、RS232 接口及网络等。目前常用的方法有：通过 MDI 的方式利用数控面板的键盘输入程序到 CNC 系统的存储器中；通过计算机与数控系统的通信接口将加工程序传送到 CNC 系统的存储器中。

(7) 程序校验及首件试切

编制好的数控程序必须经过检验和试切才能正式用于加工。一般可以利用数控软件的仿真模块在计算机上进行模拟加工，以判断是否存在撞刀、少切或过切等情况。也可以将程序在数控机床上空运行或通过图形仿真校验刀具轨迹的正确性，但此方法不能检验被加工零件的加工精度，因此要进行零件的首件试切。试切后，检查试件不仅可确认程序是否正确，还可以知道加工精度是否符合要求。当发现加工的零件不符合加工技术要求时，可修改程序或采取尺寸补偿措施加以修正。

2. 数控程序编制的方法

实现数控编程的方法主要有手工编程和自动编程两种。

(1) 手工编程

手工编程是指编制零件数控加工程序的各个步骤，即从零件图纸分析、工艺安排、确定加工路线和工艺参数、计算刀位轨迹坐标数据、编写零件的加工程序单直至程序的检验，均由人工来完成。一般对于形状不太复杂的零件，所需的加工程序不长，计算比较简单，用手工编程比较合适。如简单阶梯轴的车削加工，一般不需要进行复杂的坐标计算，往往由技术人员根据工序图纸数据直接编写数控加工程序。但是，手工编程的特点是耗费时间较长，容易出现错误，无法胜任复杂形状零件的编程。据国外资料统计，当采用手工编程时，一般程序的编写时间与其在机床上运行加工的时间之比平均约为 30∶1。

(2) 自动编程

自动编程也称为计算机编程，就是利用计算机专用软件来编制数控加工程序。编程人员只需要根据零件图样的要求，使用数控编程语言，由计算机自动进行数值计算及后处理，编写出零件加工程序单，加工程序可通过直接通信的方式输入数控机床，控制机床加工。自动编程的特点是效率高，适合形状复杂零件的加工程序编制(如模具加工、多轴联动等加工场合)，可解决手工编程无法完成的复杂零件的编程难题。

交互式 CAD/CAM 集成系统自动编程是最常用的自动编程方法。CAD/CAM 数控编程具有速度快、精度高、直观性好、便于程序仿真与校验等优点。CAD/CAM 数控编程的一般过程包括零件分析、三维造型、刀具的定义、切削加工参数的确定、走刀轨迹的生成、加工过程的动态图形仿真现实、程序验证与后处理等。目前，常用的 CAD/CAM 软件有 Pro/E，MasterCAM，UG，CATIA，CAXA 等，各软件功能及特点如表 2-2-1 所示。

表 2-2-1 常用 CAD/CAM 软件介绍

软件名称	功能简介
Pro/E	美国 PTC 参数技术公司推出的一款功能强大的三维 CAD/CAM/CAE 参数化软件，具有工业设计、分析计算、动态模拟与仿真、模具设计、CNC 数控加工等功能
UG	美国 UGS 公司推出的高端 CAD/CAM/CAE 软件，为用户提供了集成最先进的技术和一流实践经验的解决方案，能够把任何产品的构想付诸实际。它集合了概念设计、工程设计、动态模拟与仿真、模具设计、CNC 数控加工等功能
CATIA	法国 Dassault System 公司开发的 CAD/CAM/CAE 一体化软件，它的集成解决方案覆盖所有的产品设计与制造领域，其特有的 DMU 电子样机模块功能及混合建模技术更是推动着企业竞争力和生产力的提高。它广泛应用于航空航天、汽车制造、造船、机械制造、电子、电器、消费品行业
MasterCAM	美国 CNC software 公司推出的 CAM 软件，它包括两轴车床加工、高级铣床加工、加工中心、高级四轴线切割加工、多轴联动加工等功能
CAXA	我国自主知识产权软件的优秀代表，是北京航空航天大学与海尔公司联合开发的 CAD/CAM 软件，具有强大的线架、曲面、实体混合 3D 造型功能及加工仿真、多轴加工、反向工程等功能。该软件高效易学、为数控加工行业提供了从 CAD 造型设计到 CAM 加工代码生成、加工仿真、代码校验等一体化解决方案

3. FANUC 和广州数控系统程序结构

每一种数控系统，根据系统本身的特点与编程的需求，都有一定的程序格式。对于不同的机床，其程序格式有所不同，因此，编程人员必须严格按照机床说明书的格式进行编程，但程序的常规格式是相似的，比如 FANUC 与广州数控系统有着相似的程序格式。

(1) 数控程序的结构组成

一个完整的程序由程序名、程序内容和程序结束三部分组成，如下所示：

```
O0100;                      程序名
N10 G97 G99 M03 S700;  ┐
N15 T0101;             │
N20 G00 X100 Z50;      │
N25 G00 Z5;            ├   程序内容
…                      │
N100 G00 X200 Z150;    │
N105 M05;              ┘
N110 M30;                   程序结束
```

① 程序名。每一个存储在零件存储器中的程序都需要指定一个程序名来加以区分，程序名是加工程序的识别标记，因此同一机床中的程序名不能重复。程序名写在程序的最前面，必须单独占用一行。

FANUC 和广州数控系统的程序名命名格式为 O××××，其中 O 为地址，其后为四位数字，数值从 O0000 到 O9999，在书写时其数字前的零可以省略不写。如 O0020 可写成 O20。另外，需要注意的是，O8000 以后的程序号，有时在数控系统中有特殊的用途，因此在普通数控加工程序中应尽量避免使用。

② 程序内容。程序内容是整个程序的核心，它由许多程序段组成，每个程序段由一个或多个指令构成，表示数控机床的全部动作。

③ 程序结束。程序结束必须写在程序的最后，可以作为程序结束的代码有 M02 和 M30。为了保证最后程序段的正常执行，通常要求 M30(M02)必须单独占一行。

(2) 程序段的格式

① 程序段的基本格式。程序段是程序的基本组成部分，每个程序段有若干个数据字构成，而数据字又由表示地址的英文字母、特殊文字和数字构成。如 G02，X30 等。

程序段格式是指一个程序段中字、字符、数据的排列、书写方式和顺序，目前常采用字一地址程序段格式，如图 2-2-3 所示。

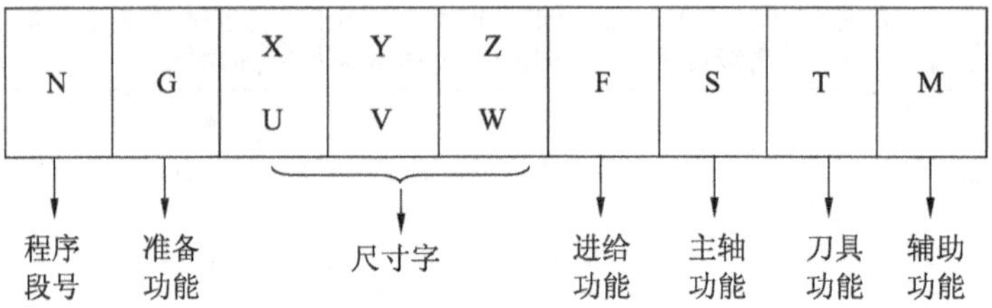

图 2-2-3 程序段的格式

② 程序段号与程序段结束。程序段由程序段号 N×× 开头，以程序段结束标记 LF (或 CR)结束，实际使用时，常用符号“;”或“＊”表示。程序段号的数字顺序与程序实际的执行顺序无关，因此，程序段号的数字只是起到标识作用，可以省略。但是，当程序段号省略时，该程序段将不能作为“跳转”或“程序检索”的目标程序段。

程序段号也可以由数控系统自动生成，程序段号的递增量可以通过“机床参数”进行设置，一般可设定增量值为 5 或 10。

③ 程序的斜杠跳转。有时在程序段的前面有“/”符号，该符号称为斜杠跳跃符号，该程序段称为可以跳跃程序段。如下列程序段：

```
/N50  G00 X100.0 Z100.0;
```

这样的程序段，可以由操作者对程序段和执行情况进行控制。若操作机床使用系统的“跳过程序段”信号生效，程序执行时将跳过这些程序段；若“跳过程序段”信号无效，程序段照常执行，该程序段和不加“/”符号的程序段相同。

④ 程序段注释。为了方便检查、阅读数控程序，在许多数控系统中允许对程序进行注释，注释可以作为对操作者的提示显示在屏幕上，但注释对机床动作没有丝毫影响。程序的注释应放在程序的最后，并用“()”括起来，不允许将注释插在地址和数字之间。如下列程序段所示：

```
O1000; (PROGRAM NAME——A1)
G97 G99 S800 M03; (ROUGH)
G00 X100.0 Z3;
…
```

4. FANUC 和广州数控系统功能

数控机床在编程时，对加工过程中的各个动作，如机床主轴的开、停和换向，刀具的进给方向，冷却液的开、关等，都要用指令形式给予规定，这类指令称为功能指令。数控程序所用的功能指令，主要有准备功能 G 指令、辅助功能 M 指令、进给功能 F 指令、主轴转速功能 S 指令和刀具功能 T 指令等。对于具体的数控系统和机床，以说明书为准。

(1) FANUC 和广州数控系统的准备功能

准备功能指令又称 G 指令或 G 代码，它是建立机床或控制数控系统工作方式的一种指令。这类指令在数控装置插补运算之前需预先规定，为插补运算、刀具补偿运算和固定循环等做好准备。G 指令由字母 G 和其后两位数字组成。

① FANUC 数控系统准备功能 G 指令见表 2-2-2。

表 2-2-2　FANUC 系统数控车床常用的 G 指令

G 代码	组	功能	G 代码	组	功能
* G00	01	定位(快速移动)	G55	14	选择工件坐标系 2
G01		直线插补	G56		选择工件坐标系 3
G02		圆弧插补(CW，顺时针)	G57		选择工件坐标系 4
G03		圆弧插补(CCW，顺时针)	G58		选择工件坐标系 5
G04	00	暂停	G59		选择工件坐标系 6
G20	06	英制输入	G70		精加工循环
G21		公制输入	G71		内、外径粗切循环
G27	00	检查参考点返回	G72	00	台阶粗切循环
G28		参考点返回	G73		成形重复循环
G29		从参考点返回	G74		z 向进给钻削
G30		回到第二参考点	G75		x 向切槽
G32	01	螺纹切削	G76		切螺纹循环
* G40	07	取消刀尖半径补偿	G90	01	(内、外径)切削循环
G41		刀尖半径偏置(左补偿)	G92		切螺纹循环
G42		刀尖半径偏置(右补偿)	G94		(台阶)切削循环
G50	00	主轴最高转速设置(坐标系设定)	G96	02	恒线速度控制
G52		设置局部坐标系	* G97		恒先速度控制取消
G53		设置机床坐标系	G98	05	指定每分钟进给量
* G54	14	选择工件坐标系 1	* G99		指定每转进给量

注：1. 标记"＊"的指令为开机时已被设定的指令。

2. 属于"00 组别"的 G 指令属非模态指令，只能在一个程序段中有效。

3. 一个程序段中可使用若干个不同组群的 G 指令，若使用一个以上同组群的 G 指令则最后一个 G 指令有效。

② 广州数控系统准备功能 G 指令见表 2-2-3。

表 2-2-3 广州数控系统准备功能 G 指令

<table>
<tr><th>指令字</th><th>组别</th><th>功能</th><th>备注</th></tr>
<tr><td>G00</td><td rowspan="8">01</td><td>快速移动</td><td>初态 G 指令</td></tr>
<tr><td>G01</td><td>直线插补</td><td rowspan="7">模态 G 指令</td></tr>
<tr><td>G02</td><td>圆弧插补(逆时针)</td></tr>
<tr><td>G03</td><td>圆弧插补(顺时针)</td></tr>
<tr><td>G32</td><td>螺纹切削</td></tr>
<tr><td>G90</td><td>轴向切削循环</td></tr>
<tr><td>G92</td><td>螺纹切削循环</td></tr>
<tr><td>G94</td><td>径向切削循环</td></tr>
<tr><td>G04</td><td rowspan="11">00</td><td>暂停、准停</td><td rowspan="11">非模态 G 指令</td></tr>
<tr><td>G28</td><td>返回机械零点</td></tr>
<tr><td>G50</td><td>坐标系设定</td></tr>
<tr><td>G65</td><td>宏指令</td></tr>
<tr><td>G70</td><td>精加工循环</td></tr>
<tr><td>G71</td><td>轴向粗车循环</td></tr>
<tr><td>G72</td><td>径向粗车循环</td></tr>
<tr><td>G73</td><td>封闭切削循环</td></tr>
<tr><td>G74</td><td>轴向切槽多重循环</td></tr>
<tr><td>G75</td><td>径向切槽多重循环</td></tr>
<tr><td>G76</td><td>多重螺纹切削循环</td></tr>
<tr><td>G96</td><td rowspan="2">02</td><td>恒线速开</td><td>模态 G 指令</td></tr>
<tr><td>G97</td><td>恒线速关</td><td>初态 G 指令</td></tr>
<tr><td>G98</td><td rowspan="2">03</td><td>每分进给</td><td>初态 G 指令</td></tr>
<tr><td>G99</td><td>每转进给</td><td>模态 G 指令</td></tr>
<tr><td>G40</td><td rowspan="3">04</td><td>取消刀尖半径补偿</td><td>初态 G 指令</td></tr>
<tr><td>G41</td><td>刀尖半径左补偿</td><td rowspan="2">模态 G 指令</td></tr>
<tr><td>G42</td><td>刀尖半径右补偿</td></tr>
</table>

(2) FANUC 和广州数控系统辅助功能

辅助功能指令又称 M 指令或 M 代码。这类指令的作用是控制机床或系统的辅助功能动作,如冷却泵的开和关、主轴的正转和反转、程序结束等。M 指令由字母 M 和其后两位数字组成。在同一程序段中,若有两个或两个以上辅助功能指令,则最后面的那个指令有效。

FANUC 和广州数控系统数控车常用的辅助功能 M 指令见表 2-2-4。

表 2-2-4 FANUC 和广州数控系统数控车常用的 M 指令

M 指令	功能	M 指令	功能
M00	程序暂停	M08	切削液开
M01	计划停止	M09	切削液关
M02	程序结束	M30	程序结束并返回程序起点
M03	主轴顺时针转	M98	调用子程序
M04	主轴逆时针转	M99	子程序返回
M05	主轴停转		

(3) FANUC 和广州数控车床系统的其他常用功能

一个标准的程序除了必须应用 G 指令和 M 指令之外，编程时还应有 F 功能、S 功能和 T 功能。

① F 功能，也称进给功能，其作用是指定刀具的进给速度。程序中用 F 和其后面的数字组成。FANUC 和广州数控系统的 F 代码可用每分钟进给 G98 和每转进给 G99 指令来设定进给单位。

② S 功能，也称主轴转速功能，其作用是指定主轴的转动速度。程序中用 S 和其后的数字组成。

③ T 功能，也称刀具功能，其作用是指定刀具号码和刀具补偿号码。程序中用 T 和其后的数字表示，依据机床装刀数的不同可采用二位或四位数字。例如，T0101 表示采用 1 号刀具和 1 号刀补。

5. 数控车编程特点

(1) 在车床数控系统编程中，同一个程序可以采用绝对坐标编程、增量坐标编程，也可以采用混合坐标编程。

① 绝对坐标表示法。将刀具运动位置用相对于坐标原点的坐标值表示的方法称为绝对坐标表示法，如图 2-2-4 所示。绝对坐标值与刀具的运动方向无关，由刀具运动终点在坐标系中的位置决定。绝对坐标编程时，无论刀具运动到哪一点，各点的坐标值均以编程坐标系原点为参照标准。在程序段中，绝对坐标用 X，Z 给定刀具运动轨迹的绝对坐标值。

② 增量坐标表示法。将刀具运动位置的坐标值表示为相对于前一位置坐标的变化量，这种坐标表示法称为增量坐标表示法。增量坐标值与刀具运动方向有关，刀具运动方向与机床坐标系正方向相同时，增量坐标值为正，反之为负。图 2-2-5 表示增量坐标编程，无论刀具运动到哪一点，其增量坐标值均是以前一点为参照的变化量，即目标点绝对坐标值与当前点绝对坐标值的差值。增量坐标编程在程序段中用 U，W 给定刀具运动轨迹在 x，z 坐标方向的增量坐标值。

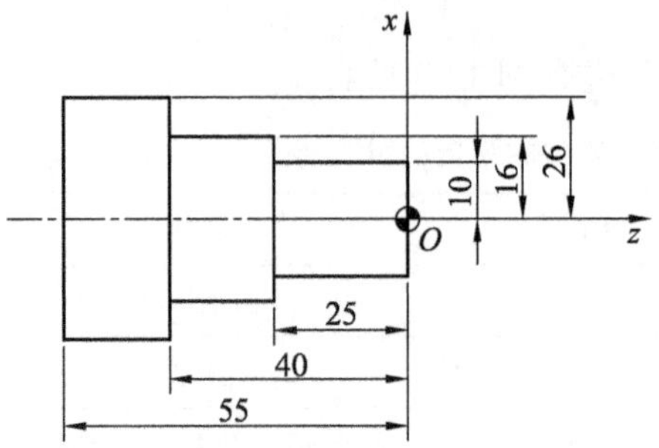

图 2-2-4　绝对坐标表示法

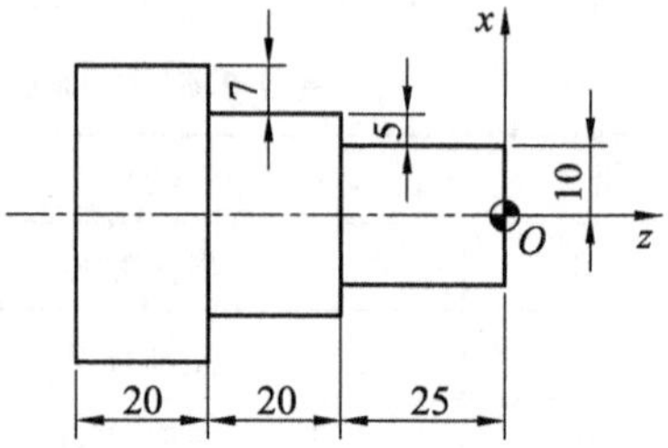

图 2-2-5　增量坐标表示法

示例：如图 2-2-6 所示，刀具从换到点 A（刀具起点）快进到点 B，写出绝对坐标值和增量坐标值。

绝对坐标值为 X40.0　Z120.0。

增量坐标值为 U－60.0　W－80.0。

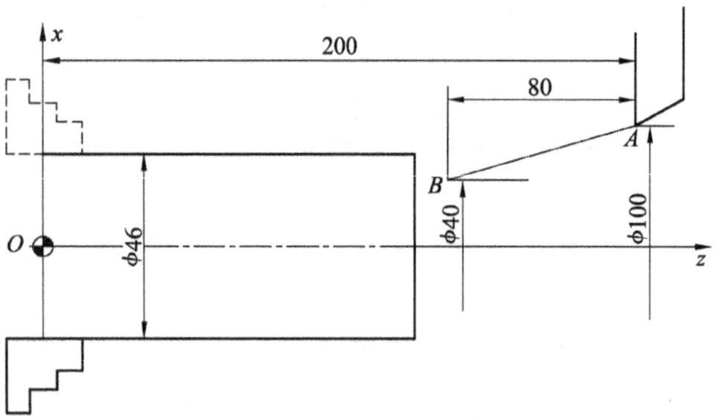

图 2-2-6　坐标示例

③ 绝对坐标、增量坐标编程应用。绝对坐标编程是用终点位置的绝对坐标值编程；增量坐标编程是用坐标增量编程。采用哪种方式编程都可以，如果工件尺寸是由同一个基准给定的，如图 2-2-7b 所示，采用绝对坐标编程比较方便；如果工件尺寸是给定的相对尺寸，如图 2-2-7a 所示，采用绝对坐标编程会增加换算工作量，采用增量坐标编程更方便。绝对坐标和增量坐标指令可以用在同一个程序段中，当 X 和 U 或者 W 和 Z 指令在一个程序段中同时出现时，后指定者有效。

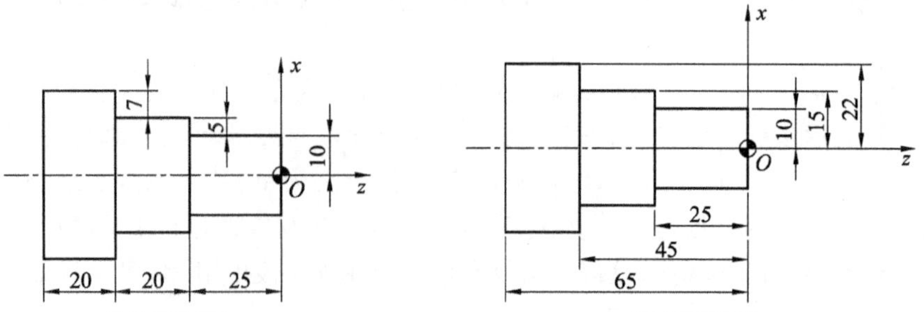

(a) 增量坐标标注　　(b) 绝对坐标标注

图 2-2-7　两种尺寸标注基准

示例：如图 2-2-8 所示，假设零件各表面已经完成粗加工，分别用增量坐标方式和绝对坐标方式编写精加工轮廓程序的 G00，G01 程序段。

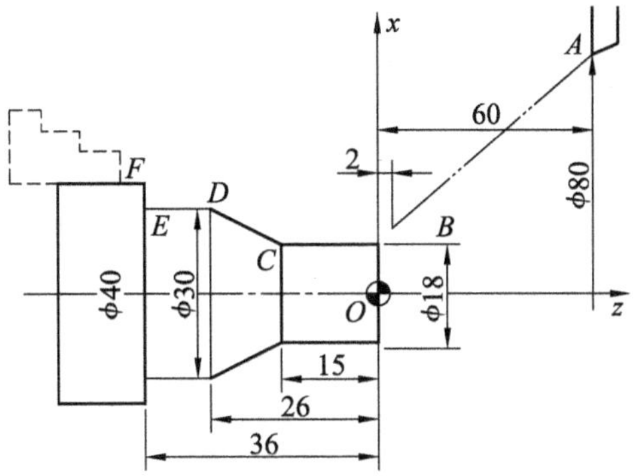

图 2-2-8 精加工轮廓

增量坐标编程：

```
G00  U-62.0  W-58.0;        A→B
G01  W-17.0  F80;           B→C
G01  U12.0  W-11.0;         C→D
G01  W-10.0;                D→E
G01  U10.0;                 E→F
```

绝对坐标编程：

```
G00  X18.0  Z-2.0;          A→B
G01  X18.0  Z-15.0  F80;    B→C
G01  X30.0  Z-26.0;         C→D
G01  X30.0  Z-36.0;         D→E
G01  X40.0  Z-36.0;         E→F
```

(2) 由于数控车床加工的零件通常为轴类、回转类零件，因此数控车床的编程可用直径编程方式，也可以用半径编程方式。通常被加工零件的径向尺寸在图样和测量时都是以直径值表示的，为便于编程尺寸换算、加工测量等，绝对坐标编程时，X 以直径表示；增量坐标编程时，以径向实际位移值的两倍值表示，并附上方向符号(正向可以省略)。半径编程不便于检测操作，可视具体情况选择使用。目前数控车床上广泛采用直径编程方式。

① 直径编程是将图样上给出的直径值作为 x 轴的值来指定，如图 2-2-9 所示。点 A，B 的坐标值分别为 $A(30,0)$，$B(50,-30)$。

② 半径编程是将指定到工件中心的距离，即用半径值作为 x 轴的值，如图 2-2-10 所示。点 A，B 的坐标分别为 $A(15,0)$，$B(25,-30)$。

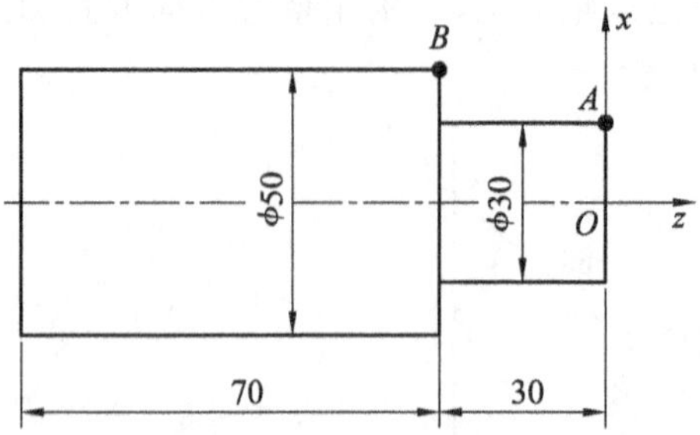

图 2-2-9 直径指定

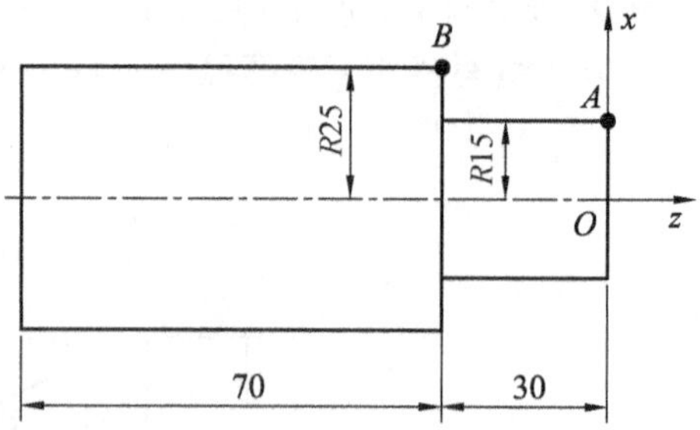

图 2-2-10 半径指定

(3) 由于车削加工常用棒料做毛坯，加工余量较大，要加工到图样标准尺寸，需要分层切削。为简化编程，数控系统有不同形式的循环功能，可进行多次重复循环切削。

(4) 直接按工件轮廓编程，对于位置的变化、刀具几何形状的变化及刀尖圆弧半径的变化，都无须更改加工程序，编程人员可以按照工件的实际轮廓尺寸进行编程。数控系统具有的刀具补偿功能可以自动进行刀具补偿。

6. 阶梯轴工件数控编程的基本指令

(1) 快速点定位——G00

① 指令功能

G00 指令是控制刀具以点定位控制方式从刀具所在点快速运动到目标位置，它用于快速定位，没有运动轨迹要求。x 轴、z 轴同时从起点以各自的快移速度到终点，如图 2-2-11所示。其指令是模态指令，主要用于非切削加工状态，常用在加工前不接触工件的快速定位或加工后远离工件的快速退刀，速度可达到 15 m/min，如图 2-2-11 所示。

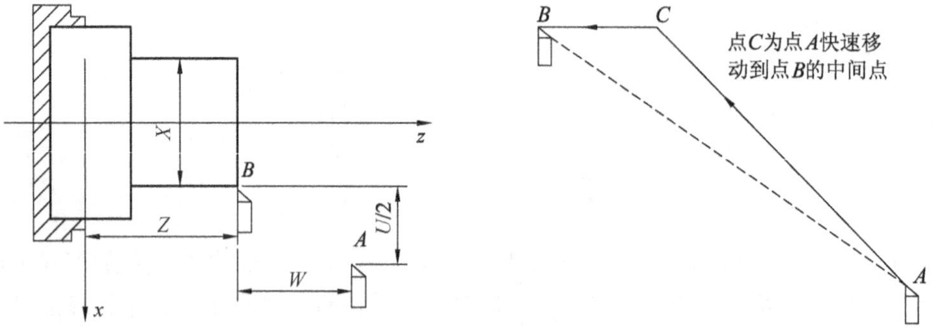

图 2-2-11 G00 快速定位走刀路线

② 指令格式

G00 X(U)_ Z(W)_ ;

③ 指令说明

G00 为模态指令。X(U)，Z(W)可省略一个或全部，当省略一个时，表示该轴的起点和终点坐标值一致；两者同时省略表示终点和起点是同一位置，X 与 U、Z 与 W 在同一程序段时，X，Z 有效，U，W 无效。

示例：如图 2-2-12 所示，刀具快速从点 A 移动到点 B。

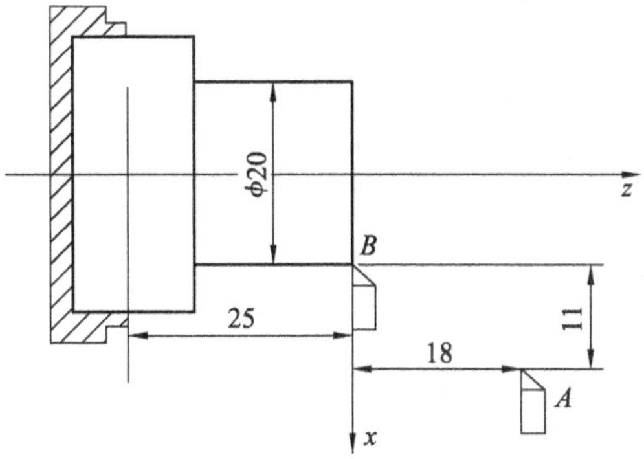

图 2-2-12 快速定位

快速定位程序：

```
G00  X20.  Z0.;            (绝对坐标编程)
G00  U-22.  W-18.;         (相对坐标编程)
G00  X20.  W-18.;          (混合坐标编程)
G00  U-22.  Z0.;           (混合坐标编程)
```

(2) 直线插补指令——G01

① 指令功能

G01 指令是控制刀具在两坐标间以插补联动方式按 F 给定的进给速度沿直线移动到指定的位置。该指令是模态指令。F 中给定的进给速度一直有效，直到指定新的速度值，因此不必对每个程序段都指定 F。如果没有指令 F 代码，进给速度被当作 0。

② 指令格式

```
G01  X(U)_  Z(W)_F_;
```

③ 指令说明

G01 为模态指令。X(U)，Z(W)可省略一个或全部，当省略一个时，表示该轴的起点和终点坐标一致；两者同时省略表示终点和起点是同一位置。F 指令值为 x 轴方向和 z 轴方向的瞬时速度的矢量合成速度，实际的切削进给速度为进给倍率与 F 指令值得乘积。

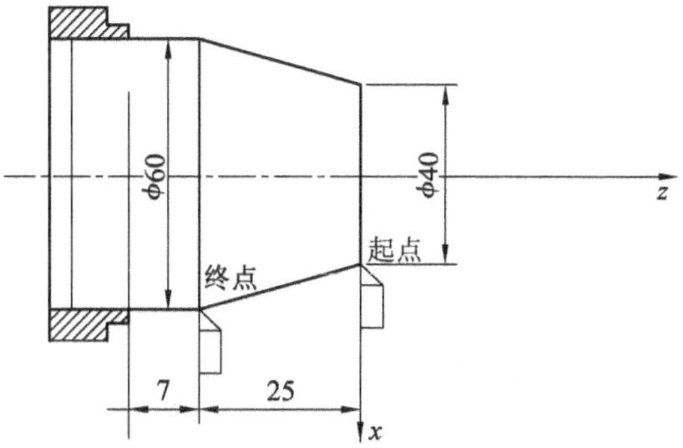

图 2-2-13 G01 直线插补

示例：如图 2-2-13 所示，刀具从 $\phi40$ 切削到 $\phi60$ 的程序指令。

直线插补程序：

```
G01  X60  Z-25;    (绝对坐标编程)
G01  U-20  W-25;(相对坐标编程)
G01  X60  W-25;   (混合坐标编程)
G01  U-20  Z-25; (混合坐标编程)
```

(3) 圆弧插补指令——G02 / G03

① 指令功能

G02/G03 指令是控制刀具在指定的平面内按给定的速度 F 做圆弧运动,车削得到圆弧轮廓。G02/G03 指令是模态指令。G02 指令运动轨迹为从起点到终点的顺时针圆弧,轨迹如图 2-2-14 所示;G03 指令运动轨迹为从起到到终点的逆时针圆弧,轨迹如图2-2-15 所示。F 中给定的进给速度一直有效,直到给定新的速度值。因此,不必每个程序段都指定 F。

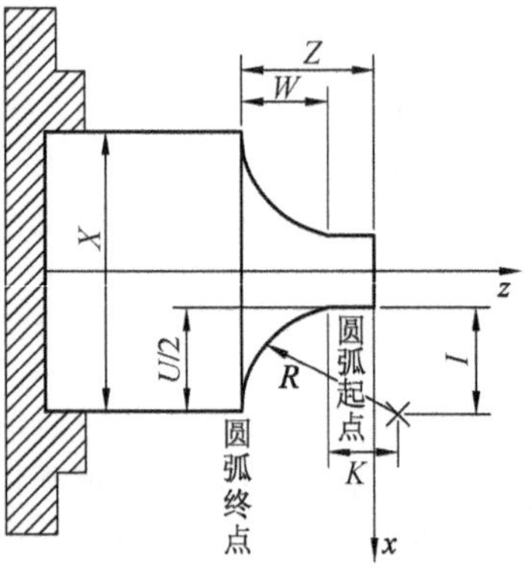

图 2-2-14 G02 指令轨迹图

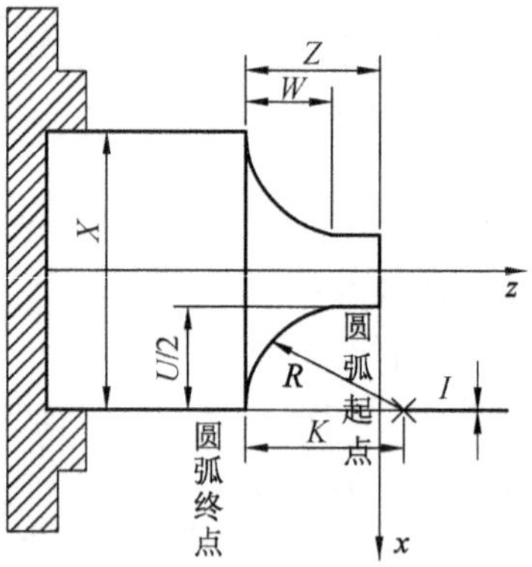

图 2-2-15 G03 指令轨迹图

② 指令格式

$$\left.\begin{matrix}G02\\G03\end{matrix}\right\}X(U)\_Z(W)\_\left\{\begin{matrix}R\_\\I\_K\_\end{matrix}\right.F\_;$$

③ 指令说明

R——圆弧半径,当圆弧所对应的圆心角小于等于 180°时,*R* 取正值;当圆弧所对应的圆心角大于 180°时,*R* 取负值。

I——圆心与圆弧起点在 *x* 方向的差值,用半径表示。

K——圆心与圆弧起点在 *z* 方向的差值。

I,*K* 的值总是用增量值指定,如图 2-2-16 所示。

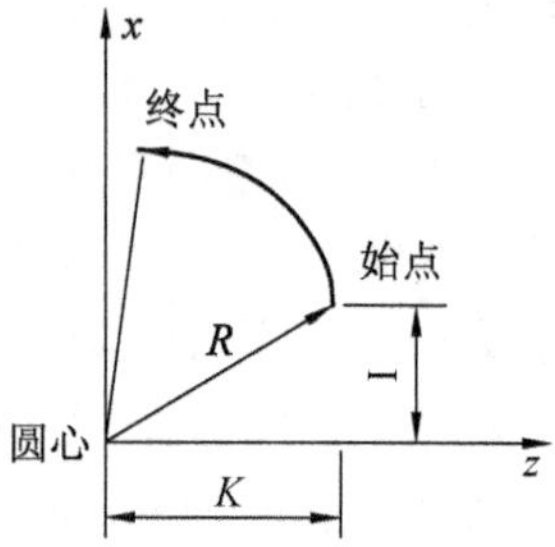

图 2-2-16 *I*,*K* 值示意图

圆弧方向:G02/G03 圆弧的方向定义,在前置刀架和后置刀架坐标系是相反的,如图 2-2-17 所示。圆弧顺、逆方向的判断是根据插补圆弧所在的平面(*xz* 平面)根据右手法则判断出 *y* 轴的轴向,沿着 *y* 轴的负方向看去,刀具顺时针方向加工为 G02,刀具逆时针方向加工为 G03。

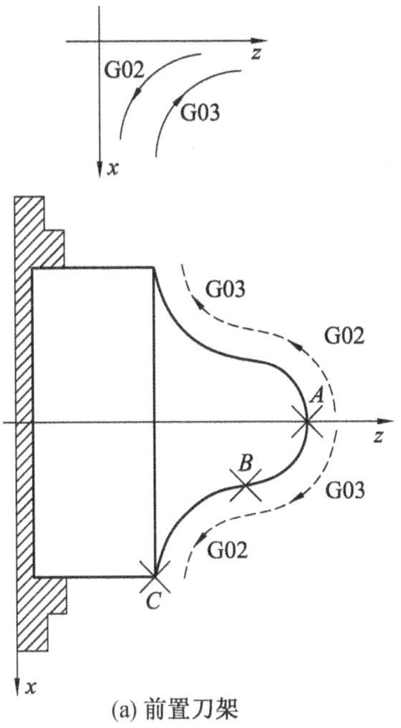

图 2-2-17 G02/G03 圆弧插补方向

任务实施

1. 建立工件坐标系

根据工件坐标系建立原则:数控车床工件原点一般设在工件伸出端(右端面)与工件轴线交点上,故工件坐标系设在点 O,如图 2-2-18 所示。

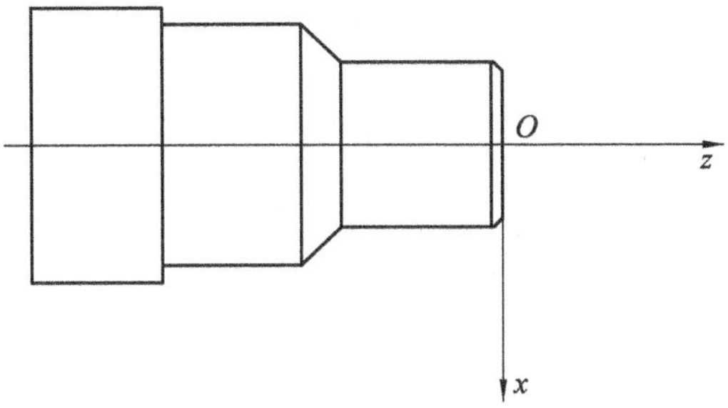

图 2-2-18 工件坐标系

2. 计算基点及工艺点坐标

零件各几何要素之间的连接点称为基点。例如,零件轮廓上两条直线的交点、直线与圆弧的交点或切点等,往往作为直线、圆弧插补的目标点,是编写数控程序的重要依据。坐标系建立后应计算基点坐标。各点的坐标如下:O(X0,Z0),A(X16,Z0),B(X18,Z0),C(X18,Z−18);D(X26,Z−22),E(X26,Z−38),F(X29,Z−38),G(X29,Z−55)。

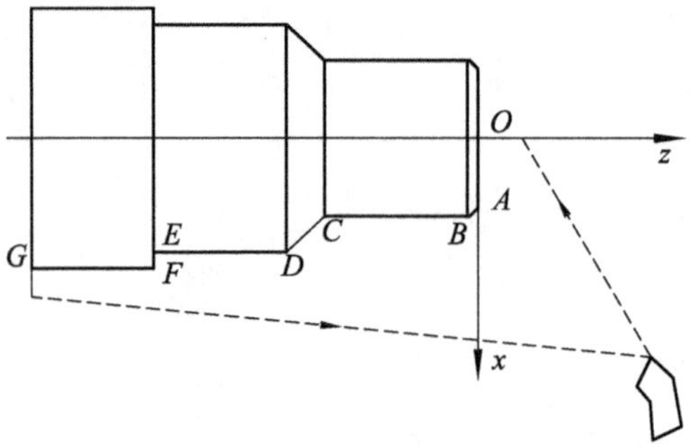

图 2-2-19 零件精加工走刀路线

3. 编制参考程序

结合项目二任务一中的工艺分析，选择刀具与切削量（见表 2-2-5），编制加工程序（见表 2-2-6）。

表 2-2-5 刀具与切削量选择

加工工序		刀具与切削参数					
序号	加工内容	刀具规格			主轴转速/(r/min)	进给率/(mm/min)	刀具补偿
		刀号	刀具名称	材料			
1	平端面	T01	外圆车刀	硬质合金	700	120	01
2	粗加工外圆	T01	外圆车刀	硬质合金	700	120	01
3	精加工外圆	T01	外圆车刀	硬质合金	1000	80	01

注：当此件为批量生产时，应选用两把外圆车刀，一把用于粗加工，另一把用于精加工。

表 2-2-6 阶梯轴加工参考程序

程序段号	加工程序	程序说明
	O1000	程序名
N010	G98 G21 G90 G40；	程序初始化
N015	M03 S700；	粗车主轴正转转速 800 r/min
N020	T0101；	换 1 号刀
N025	G00 X100 Z50；	刀具先移动到安全位置，以防意外
N030	G00 X40 Z0；	刀具定位
N035	G01 X0 F120；	平端面

续表

程序段号	加工程序	程序说明
	O1000	程序名
N040	X27 Z2 F200；	第一层外圆粗车
N045	Z－18 ；	
N050	X27 Z－22；	
N055	Z－38；	
N060	X32；	
N065	G01 Z2；	
N070	X24；	第二层外圆粗车
N075	G01 Z－18；	
N080	X27 Z－22；	
N085	X32；	
N090	G00 Z2；	
N095	X21；	第三层外圆粗车
N100	G01 Z－18；	
N105	X27 Z－22；	
N110	X32；	
N115	G00 Z2；	
N120	X19；	第四层外圆粗车
N125	G01 Z－18；	
N130	X27 Z－22；	
N135	X32；	
N140	G00 Z2；	
N145	M03 S1000；	精车主轴转速 1200 r/min
N150	G00 X16 Z2；	精车外圆
N155	G01 Z0 F80；	
N160	X18 Z－1；	
N165	X26 Z－22；	
N170	Z－38；	
N175	X28；	
N180	X29 Z－38.5；	切 C0.5 倒角，可去除锐边毛刺
N185	Z－55；	精车外圆

续表

程序段号	加工程序	程序说明
	O1000	程序名
N190	X32；	x 向退刀
N195	G00 X100 Z100；	刀具退回换刀点
N200	M05；	主轴停转
N205	M30；	程序结束

注：参考程序可用于 FANUC 和广州数控系统。

任务三 操作数控车床加工零件

任务描述

按照安全操作规程，正确操作数控车床完成图 2-3-1 所示的零件加工，检测并记录尺寸，并且按企业车间 6S 现场管理要求整理好加工现场和工、量具等。

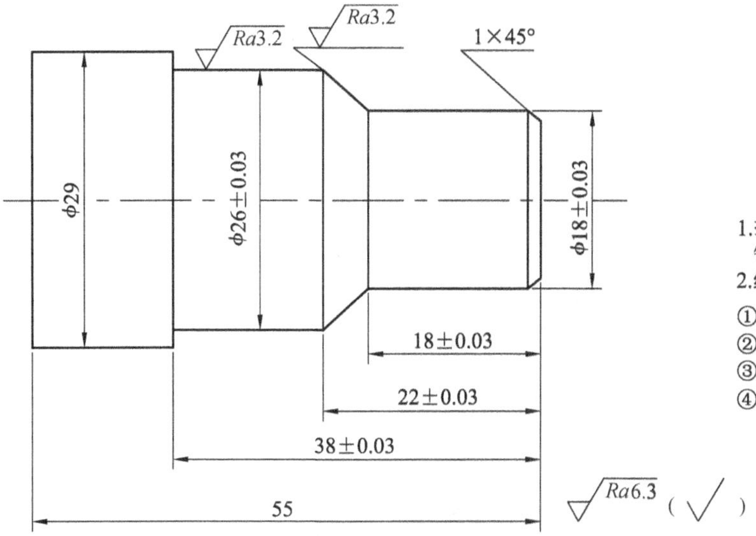

1.技术要求：
锐边去毛刺。
2.编程要求：
①加工时应注意加工工艺顺序。
②编程理论计算值以中间值为准。
③毛坯φ30×70。
④切削用量选择应注意切削深度。

图 2-3-1 阶梯轴

任务分析

该任务需要结合学习项目一，进一步规范、熟悉 FANUC 0i Mate-TC 系统数控车和 GSK980TD 系统车床正确的操作过程，通过阶梯轴零件的加工训练，能正确并规范操作数控车床。学习使用专用量具准确测量尺寸，学会分析尺寸误差。实施生产现场 6S 管理规范，在教师指导下整理实训车间现场。

◎**知识点：**

◇ 加工零件尺寸误差分析；

◇ 量具的使用方法；

◇ 生产现场 6S 管理规范。

◎**技能点：**

◇ 工件夹紧与找正；

◇ 正确选用与安装刀具；

◇ 熟悉机床的基本操作；

◇ 单段方式下的自动加工。

理论与工艺知识

1. 常用量具的使用方法

(1) 游标卡尺

① 游标卡尺的结构

游标卡尺，作为常用的度量工具，一般可以精确到 0.01 mm，其结构如图 2-3-2 所示。游标卡尺的测量范围有 0～125 mm、0～200 mm 和 0～300 mm 等数种规格，常用来测量外径、内径和深度等。

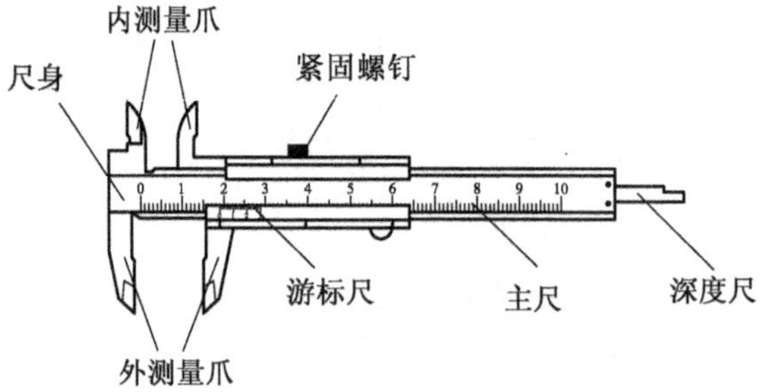

图 2-3-2 游标卡尺的结构

② 游标卡尺的读数方法

游标卡尺的读数方法分为三个步骤，包括先读整数，再读小数和整数加小数。无论测量方法如何，数据都显现在标尺上。以图 2-3-3a 测量内径的图示为例说明读数方法：首先，看副尺“0”的位置，它决定了前两个数位。图 2-3-3b 中“0”在 2.3 cm 的后面，即为测量物体的内径为 2.3×× cm；其次，观察 2-3-3c 中副尺分度(精确度)，就是有多少个格，图中为 20 分度，即精确度为 0.05 mm(每分度的单位＝1 毫米/分度)；最后看 2-3-3d 中副尺和主尺完全重合的数位，看框内重合部分与“2”差 3 格，即重合处为 17，每单位为 0.05 mm，得出最后的数位，0.85 mm(0.085 cm)，因此，最后测量出目标的内径为 2.385 cm。

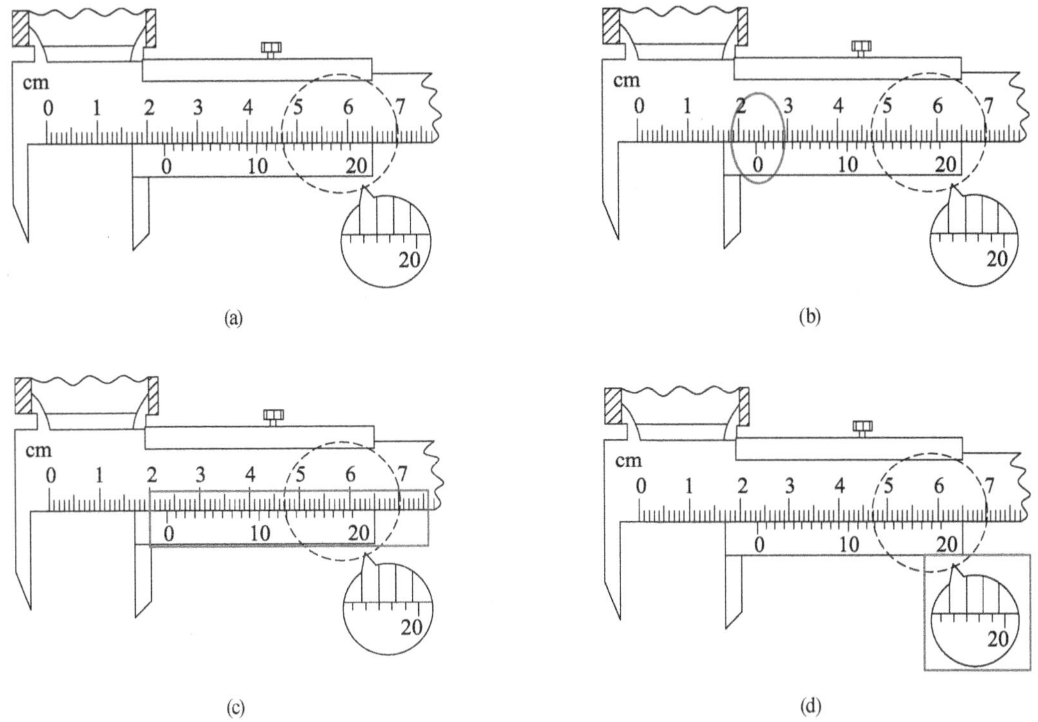

图 2-3-3 游标卡尺的读数方法

(2) 外径千分尺

① 外径千分尺的结构

外径千分尺是比游标卡尺更精密的长度测量仪器，常见的机械千分尺如图 2-3-4 所示。它的测量范围为 0～25 mm，分度值是 0.01 mm。它由固定的尺架、测砧、测微螺杆、固定套管、微分筒、测力装置、锁紧装置等组成。

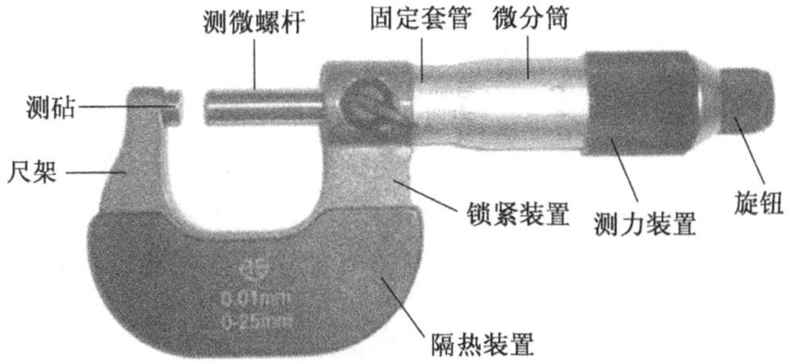

图 2-3-4 外径千分尺

② 外径千分尺的测量方法

外径千分尺就是应用螺旋读数机构，固定套管上的水平线上、下各有一列间距为 1 mm 的刻度线，上侧刻度线在下侧两相邻刻度线中间。微分筒上的刻度线是将圆周分为 50 等份的水平线，它是做旋转运动的。根据螺旋运动原理，当微分筒旋转一周时，测微螺杆前进或后退一个螺距 0.5 mm，即当微分筒旋转一个分度后，它转过了 1/50 周，这时螺杆沿轴线移动了 1/50×0.5 mm=0.01 mm，因此，使用千分尺可以准确读出 0.01 mm的数值。测量方法按以下四个步骤：

步骤一：将被测物擦干净，去除表面油污或其他黏附物。

步骤二：松开千分尺锁紧装置，校准零位，转动旋钮，使测砧与测微螺杆之间的距离略大于被测物体。

步骤三：一只手拿千分尺的尺架，将待测物置于测砧与测微螺杆的端面之间，另一只手转动旋钮，当螺杆接近待测物时，旋转旋钮直至听到"喀喀"声后即可。

步骤四：旋紧锁紧装置(防止移动千分尺时螺杆转动)，即可读数。

③ 外径千分尺的读数方法

外径千分尺的读数可分为三步：

步骤一：以微分筒的端面为准线，读出固定套管上露出的刻度尺尺寸，一定要注意不能遗漏应该读出的 0.5 mm 的刻线值。

步骤二：读出微分筒上的尺寸，要看清微分筒圆周上哪一格与固定套筒的中线基准对齐，将格数乘 0.01 mm 即得微分筒上的尺寸。

步骤三：将上面两个数相加，即千分尺测得尺寸。

示例：如图 2-3-5a 所示，在固定套筒上读出的尺寸为 8 mm，微分筒上读出的尺寸为 27(格)×0.01 mm=0.27 mm，上两数相加即得被测零件的尺寸为 8.27 mm；图 2-3-5b 中，在固定套筒上读出的尺寸为 8.5 mm，在微分筒上读出的尺寸为 27(格)×0.01 mm=0.27 mm，上两数相加即得被测零件的尺寸为 8.77 mm。

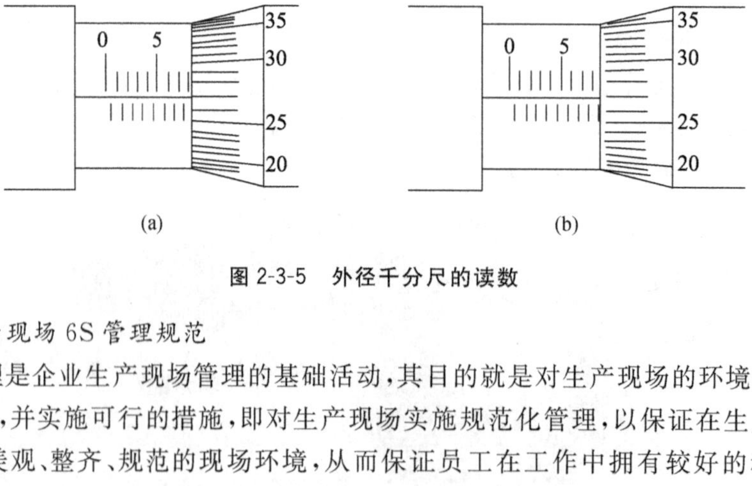

图 2-3-5 外径千分尺的读数

2. 生产现场 6S 管理规范

6S 管理是企业生产现场管理的基础活动，其目的就是对生产现场的环境进行全局性的综合考虑，并实施可行的措施，即对生产现场实施规范化管理，以保证在生产过程中有一个干净、美观、整齐、规范的现场环境，从而保证员工在工作中拥有较好的精神面貌和保证所生产产品的质量水平。

6S 管理包括整理、整顿、清扫、清洁、素养、安全六个方面的内涵。

整理(SEIRI)——将工作场所的任何物品区分为有必要和没有必要的，除了有必要的留下来外，其他的都消除掉。其目的是腾出空间，空间活用，防止误用，塑造清爽的工作场所。

整顿(SEITON)——把留下来的必要物品依规定位置摆放，并放置整齐加以标识。其目的是工作场所一目了然，消除寻找物品的时间，整整齐齐的工作环境，消除过多的积压物品。

清扫(SEISO)——将工作场所清扫干净,保持工作场所干净、亮丽的环境。其目的是稳定品质,减少工业伤害。

素养(SHITSUKE)——每位成员养成良好的习惯,并遵守规则做事,培养积极主动的精神(也称习惯性)。其目的是培养有好习惯、遵守规则的员工,营造团队精神。

安全(SECURITY)——重视员工安全教育,每时每刻都有安全第一的观念,防患于未然。其目的是建立安全生产的环境,所有的工作应建立在安全的前提下。

3. 加工工件质量误差分析

数控车床在外圆加工过程中会遇到各种各样的加工误差问题,表 2-3-1 中列出了阶梯轴加工中常出现的问题、产生的原因、预防及解决方法。

表 2-3-1 外圆加工误差分析

误差现象	产生原因	预防和解决方法
工件外圆尺寸超差	1. 刀具数据不准确 2. 切削用量选择不当产生让刀 3. 程序错误 4. 工件尺寸计算错误	1. 调整或重新设定刀具数据 2. 合理选择切削用量 3. 检查并修改加工程序 4. 正确计算工件尺寸
外圆表面光洁度差	1. 切削速度过低 2. 刀具中心过高 3. 切屑控制较差 4. 刀尖产生积屑瘤 5. 切削液选用不合理	1. 调高主轴转速 2. 调整刀具中心高度 3. 选择合理的进刀方式及切深 4. 选择合适的切削用量 5. 选择合适的切削液
台阶处不清根或呈圆角	1. 程序错误 2. 刀具选择错误 3. 刀具损坏	1. 调整切削用量 2. 检查刀具是否磨损,更换刀片 3. 更换刀具
加工过程中出现扎刀、造成工件报废	1. 进给量过大 2. 切屑阻塞 3. 工件安装不合理 4. 刀具角度选择不合理	1. 降低进给速度 2. 采用断屑或退屑方式切入 3. 检查工件安装,增加安装刚性 4. 正确选用刀具
台阶端面出现倾斜	1. 程序错误 2. 刀具安装不正确	1. 检查并修改程序 2. 正确安装刀具
工件圆度超差或产生锥度	1. 车床主轴间隙过大 2. 程序错误 3. 工件安装不合理	1. 调整车床主轴间隙 2. 检查并修改加工程序 3. 检查工件安装,增加安装刚性

任务实施

1. 加工准备

根据车间现场情况,确保每位操作人员能独立操作一台 FANUC 0i Mate-TC 或广州数控系统 GSK980TD 机床完成零件加工。零件加工的准备事项见表 2-3-2。

表 2-3-2 零件加工的准备事项

准备事项	准备内容
设备	数控车床
刀具	90°车刀
材料	ϕ30 mm 铝棒
量具	钢尺、游标卡尺、外径千分尺
其他	垫刀片、常用工具等

① 检查毛坯尺寸。测量铝棒的直径尺寸和长度尺寸。

② 开机、回机床零点，手轮方式下控制刀架移动。操作方法参见项目一中的任务一。手轮控制刀架向负方向移动，确保刀架位置便于刀具安装操作。

③ 安装刀具与装夹工件。操作方法参见项目一中的任务二在装夹工件时注意伸出端的长度，阶梯轴的总长为 55 mm，毛坯伸出总长可控制在 70～80 mm。刀具安装在 01 号刀位上，务必与程序中的刀位号保持一致。

④ 程序输入与检查。程序输入与修改可参见项目一中的任务一和任务三。

⑤ 程序模拟。

2. 对刀

外圆刀采用试切法对刀，操作方法参见项目一中的任务二和任务三。对刀结束后务必移动刀架远离工件，可避免由于程序编写不合理的情况下，机床运行时可能出现的撞刀现象，消除安全隐患。

3. 自动加工

首件试切时在“单段”方式下完成零件加工。操作过程中应注意以下几点：

① 检查机床的倍率开关，确保进给倍率、主轴倍率为 100%，适当调低快进倍率至 50%，减小快速进刀速度。

② 检查刀架的位置是否已远离工件，判断方法是假设在刀架当前位置自动换刀不会撞到工件，否则向正方向移动刀架至安全位置。

③ 检查机床显示屏光标是否在程序的第一行，可切换“EDIT”模式下，改变光标的位置，确保程序运行时是从第一行开始。

4. 检测和记录尺寸

用游标卡尺和外径千分尺测量零件尺寸。

5. 加工结束，清理机床

每天加工结束，按照生产现场管理 6S 规范整理工量具，清除机床切屑，做好机床的日常保养和实习车间的卫生。

项目三

圆弧轴加工

☞ 任务一　球形端轴编程与加工

☞ 任务二　制动手柄编程与加工

实训报告及任务评价

任务一 球形端轴编程与加工

任务描述

球形端轴如图 3-1-1 所示，毛坯尺寸为ϕ30 mm×100 mm，材料为铝棒。要求完成零件的数控加工工艺设计，编写零件的数控加工程序，完成零件的数控车削加工。

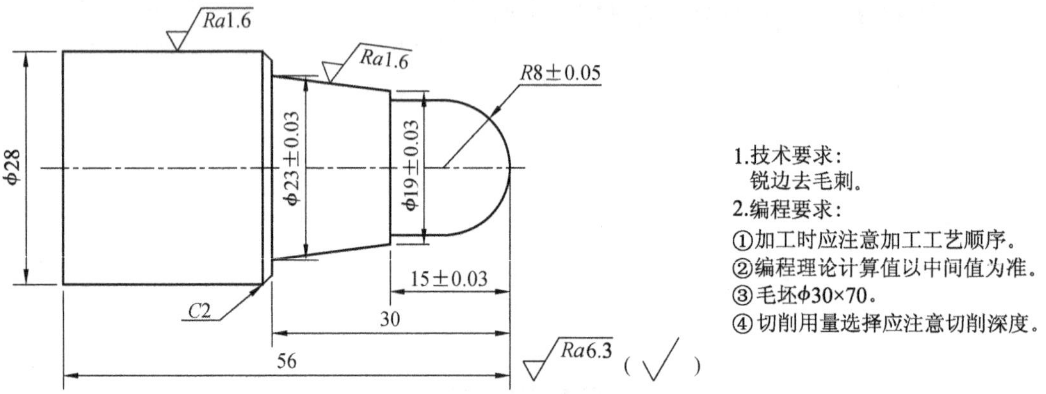

图 3-1-1　球形端轴

任务分析

该任务需要根据工件结构，合理进行工艺安排，选择适合的切削用量，完成工艺文件；在数控编程中，需要学习粗、精加工循环编程的方法，掌握相应的编程指令；在零件切削加工的过程中，学习多把刀的对刀方法，熟悉操作规程，熟练操作机床，学习程序中断后的加工方法；能准确测量加工后的零件尺寸，分析误差，能应用刀具补偿功能修调尺寸直至达到图纸要求。

◎**知识点：**

◇ 轴向分层切削加工工艺；

◇（外圆尺寸单向递增）粗、精车循环指令编程；

◇ 刀尖圆弧半径补偿。

◎**技能点：**

◇ 常用的外圆加工刀具选用；

◇ 应用刀具补偿功能修调尺寸；

◇ 程序中断后的自动加工方法。

理论与工艺知识

1. 分层切削加工工艺

在数控车削加工过程中，结合毛坯的形状、零件的刚性和结构工艺性、刀具形状、生产效率和数控系统具有的循环切削功能等因素，大余量毛坯分层切削循环加工路线主要有“矩形”分层切削进给路线和“型车”分层切削进给路线两种形式。

“矩形”分层切削进给路线如图 3-1-2 所示，为切除图示的工件部分外形的加工余量，粗加工走的是一条类似矩形的轨迹。“矩形”分层切削轨迹加工路线较短，加工效率较高，编程方便。

“型车”分层切削进给路线如图 3-1-3 所示，为切除图示的工件部分外形的加工余量，粗加工和半精加工走的是一条工件轮廓形状相似的轨迹，虽然走刀路线较长，但避免了加工过程中的空行程。这种轨迹主要使用与铸造成型、锻造成形或已粗车成形工件的粗加工和半精加工。

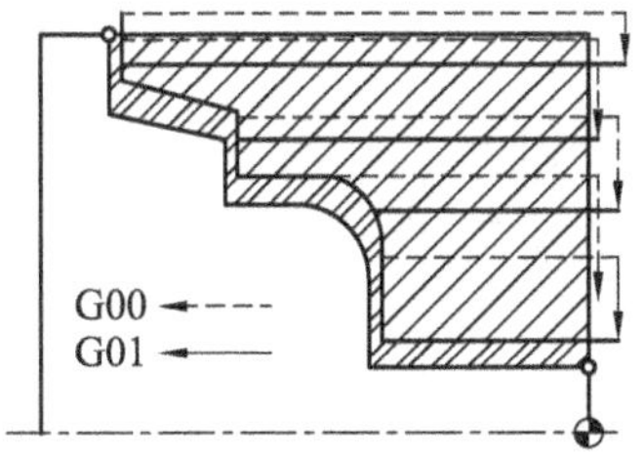

图 3-1-2 “矩形”分层切削走刀路线

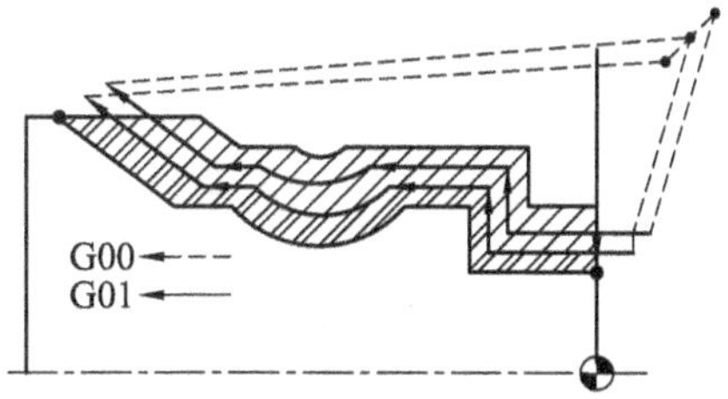

图 3-1-3 “型车”分层切削走刀路线

2. 刀尖圆弧半径补偿

(1) 刀尖圆弧半径补偿的目的

刀具几何补偿是在加工中考虑刀具的几何形状，从而使刀具的刀尖沿着编程中设定的加工轨迹运动。理想状态下，总是将尖形车刀的刀位点假想成一点，该点即为假想刀尖，如图 3-1-4 所示点 A。而实际应用中，车刀刀尖通常是一段半径很小的圆弧，刀位点实际上为刀尖圆弧的圆心，如图 3-1-4 所示点 O。因此，在加工圆锥面和圆弧面时可能会产生过切削或欠切削的现象，造成加工表面的形状误差。

图 3-1-5 所示车削圆锥面时因欠切削而产生的加工误差。从图中看出，编程时刀尖运动轨迹是 P_0，P_1，P_2，但由于刀尖圆弧半径 R 的存在，实际车出的工件形状为图中的虚线，这样就产生了圆锥表面误差 δ。因此，当使用车刀来切削加工圆锥面时，必须在工件编程时加入刀尖半径补偿，使切削得到的工件能达到要求的加工精度。

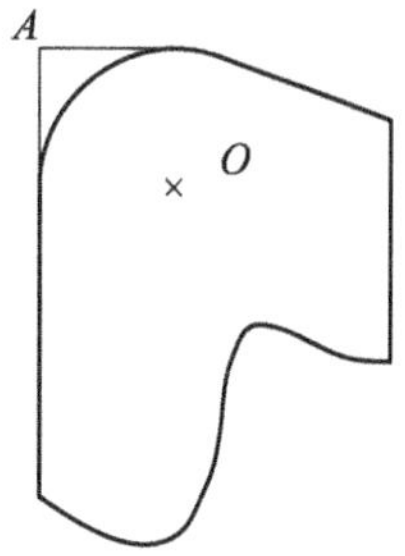

图 3-1-4 刀尖圆弧和刀尖

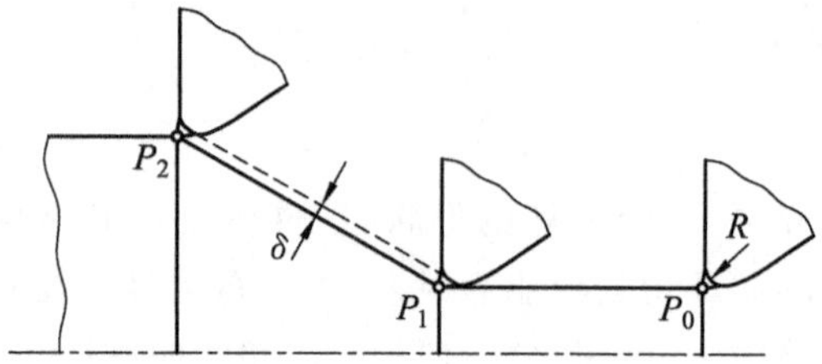

图 3-1-5 车圆锥面时因欠切削产生的加工误差

刀尖磨损后对工件表面形状也会产生加工误差,如图 3-1-6 所示,编程时刀尖运动轨迹是刀尖 A 轨迹(图中的 P_1,A,A,A ,…,P_2)。但是,车削时实际起切削作用的是刀尖圆弧的各切点,因此车出的工件实际表面形状是图中的虚线形状,这样就产生了较大的形状误差 $\delta_1 \sim \delta_2$。因此,在这种情况下就必须考虑刀尖圆弧半径对工件表面形状的影响。

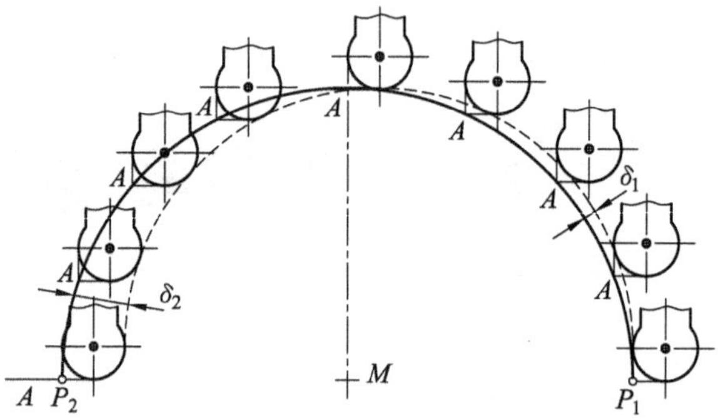

图 3-1-6 车圆弧时产生的加工误差

(2) 刀具号补偿

刀尖圆弧半径补偿可以通过刀具号来实现,即在程序中指定的 T 代码来实现。T 代码的形式为 T××××,如 T0101,后面 4 位数字中的前两位为刀具号(如 01 表示用 1 号刀),后两位为刀具补偿号(如 01 表示调用 1 号存储器中的刀具补偿值)。刀具补偿号实际是刀具补偿寄存器的地址号,该寄存器中存放着刀具的几何偏置量。图 3-1-7 所示为刀具形状补偿界面,其中 R 为刀尖圆弧半径;T 为假想刀尖号位置。刀具补偿号可以是 00～32 中的任意一个数,刀具补偿号为 00 时,表示不进行刀具补偿或取消刀具补偿。

当刀具磨损或工件尺寸有误差时,在图 3-1-8 所示刀具磨耗补偿参数界面中,只要修改每把刀具相应寄存器中的数值即可。例如,当某工件加工后外圆直径比图样要求大了 0.03 mm,则可以修改相应寄存器中的数值,输入−0.03 即可实现尺寸补偿。

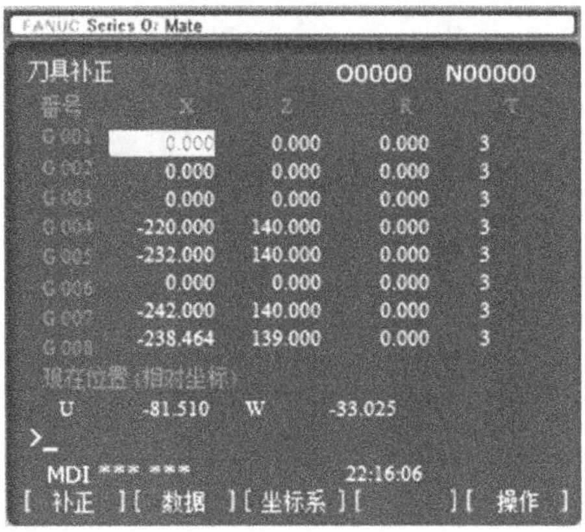

图 3-1-7 刀具形状补偿参数界面

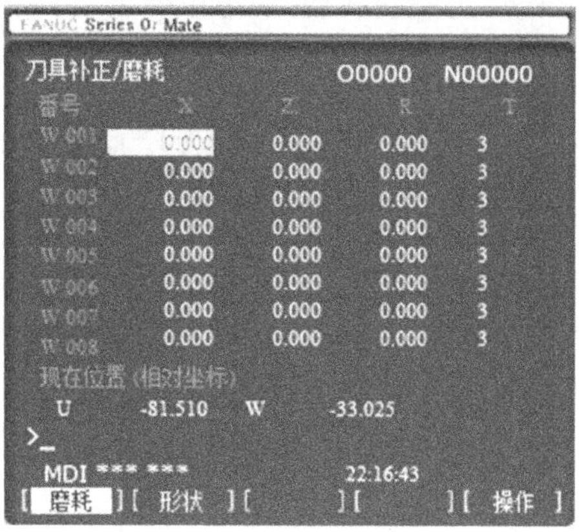

图 3-1-8 刀具磨耗补偿参数界面

3. 刀尖圆弧半径补偿指令——G41,G42,G40

(1) 指令功能

编写数控程序和对刀，车刀刀位点为假想刀尖点，与实际加工中的刀位点存在一个偏移量(刀尖圆弧半径)。利用刀尖圆弧半径补偿功能可以方便实现偏置，简化编程。数控车床可以自动判断补偿的方向和补偿值的大小，自动计算圆弧半径补偿量，把刀尖移到正确的位置上。

根据不同的刀具运动轨迹，刀尖圆弧半径补偿的指令有：

① 刀尖圆弧半径左补偿——G41

沿不在切削平面的第三轴(y 轴)的负方向并顺着刀具运动方向看，刀具在工件的左侧，称为刀尖圆弧半径左补偿，用 G41 代码编程。

② 刀尖圆弧半径右补偿——G42

沿不在切削平面的第三轴(y 轴)的负方向并顺着刀具运动方向看，刀具在工件的右侧，称为刀尖圆弧半径右补偿，用 G42 代码编程。

③ 取消刀尖圆弧半径左右补偿——G40

如需要取消刀尖圆弧半径左右补偿，用 G40 代码编程。

(2) 指令格式

```
G41   G00/G01 X_  Z_  F_;
G42   G00/G01 X_  Z_  F_;
G40   G00/G01 X_  Z_  F_;
```

(3) 指令说明

① x,z 为建立或取消刀尖补偿程序段中刀具移动的终点坐标。

② G41,G42,G40 指令应与 G01 或 G00 指令出现在同一程序段中，通过刀尖补偿所在平面的直线运动建立或取消刀尖补偿。

③ G41,G42,G40 为模态指令。

④ G41,G42 指令不能同时使用，使用 G41 后不能直接使用 G42 指令，必须先用 G40

解除 G41 刀补状态后，才可以使用 G42 刀补指令。

示例：加工如图 3-1-9 所示锥形外圆，使用刀尖半径补偿功能编程。

```
N60 G01 G42 X18 Z0 F120;      建立刀尖半径右补偿
N70 X22 Z-14;                 车锥面
N80 G00 G40 X30 Z2;           取消刀尖半径右补偿
```

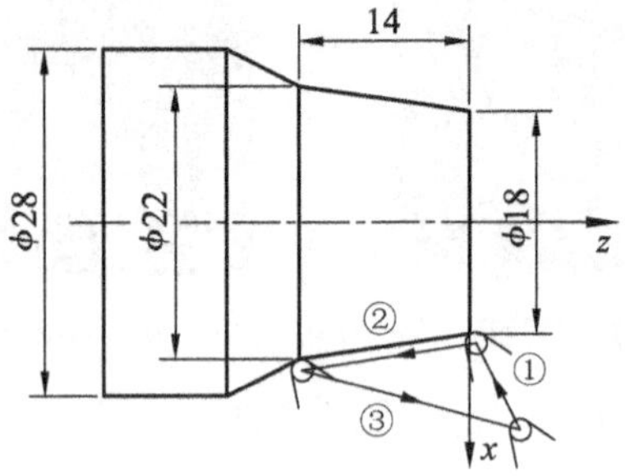

图 3-1-9 车圆锥

4. 内、外圆轴向粗车复合循环指令——G71

(1) 指令功能

G71 指令适合于使刀具从当前点，以系统预先设好的速度进给，定位至所指定的目标点，用于圆柱棒料粗车阶梯轴的外圆或内孔需切除较多余量时的情况。G71 指令后跟描述零件的精加工轮廓程序，CNC 系统根据加工程序所描述的轮廓形状和 G71 指令的各个参数自动生成加工路径，完成粗加工待切除余量切削。

(2) 指令格式

```
G71  U(Δd) R(e) F S T;
G71  P(ns) Q(nf) U(Δu) W(Δw);
N(ns)…;
      …;
      …;
      …;
N(nf)…;
```

(3) 指令说明

① 指令参数说明

Δd：表示每次循环的切削深度，半径值指定，单位为 mm，模态值，直到下一个指定之前均有效。

e：表示每次切削的退刀量，单位为 mm，模态值，直到下一个指定之前均有效。

ns：表示精加工路径第一行程序段的顺序号。

nf：表示精加工路径最后程序段的顺序号。

Δu：表示 x 方向精加工余量和方向，直径值指定，单位为 mm，该值为负值时，表示内径粗车。

Δw：表示 z 方向精加工余量和方向。

F S T：F,S,T 设定的值是执行 G71 粗车循环时有效。在执行 G71 循环中，$ns \sim nf$ 间程序段号的 M,S,T,F 功能都无效。

② G71 指令的走刀路径、内部参数和编程路径如图 3-1-10、图 3-1-11 所示。图中点 A 是 G71 指令执行中分层切削时的循环起始点，该点的位置必须大于毛坯的尺寸，也就是说点 A 必须在毛坯之外，否则导致出现撞刀的现象。图中的实线表示 G01 切削进给，虚线表示 G00 快速退刀。

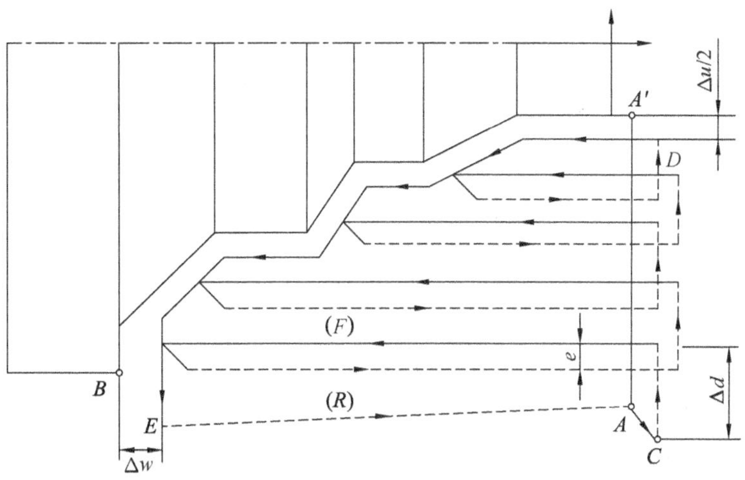

图 3-1-10　G71 指令走刀及参数示意图

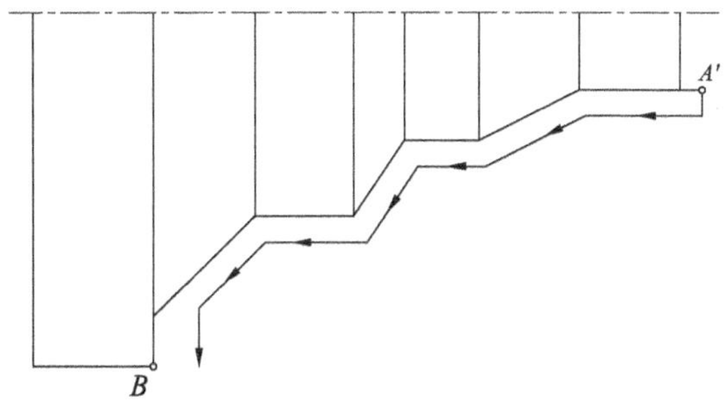

图 3-1-11　G71 指令编程路径

③ 精加工的第一行(ns)指令中只能出现 x 轴向移动，不能指定 z 轴方向的移动。

④ $A' \rightarrow B$ 之间的零件形状，x 轴和 z 轴都必须是单调增大或单调减小，精加工程序段 $ns \sim nf$ 之间不能调用子程序。

⑤ Δu 和 Δw 的符号如图 3-1-12 所示。

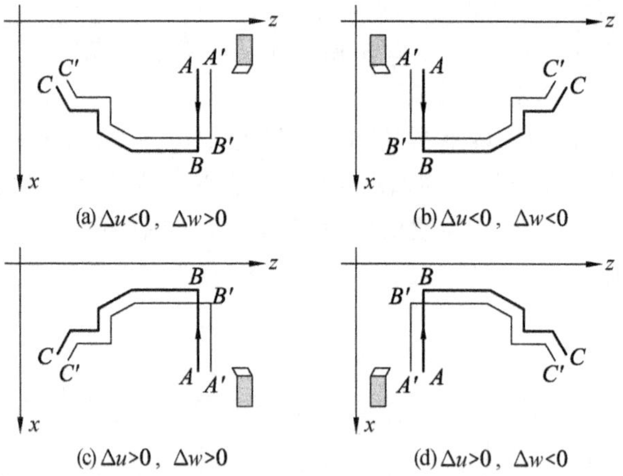

图 3-1-12　G71 指令中 Δu 和 Δw 符号

示例：如图 3-1-13 所示。

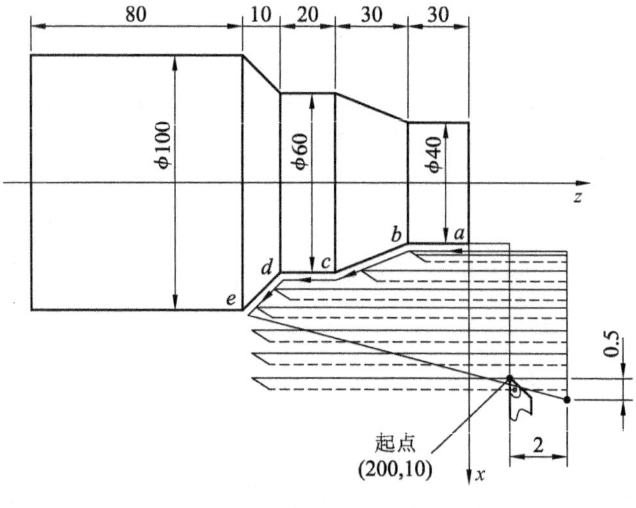

图 3-1-13　G71 加工外轮廓

部分参考程序：

```
O0004;
T0101;
G00 X200 Z10 M03 S800;          主轴正转，转速 800 r/min
G71 U2 R1 F200;                 每次切深 4 mm，退刀 2 mm
G71 P80 Q120 U0.5 W0.2;         对 a—b—c—d—e 粗车加工，余量 x 方向
                                0.5 mm，z 方向 0.2 mm
```

```
N80 G00 X40 S1200;          定位  ┐
G01 Z-30 F100;              a→b   │
X60 W-30;                   b→c   ├ 精加工路线 a→b→c→d→e 程序段
W-20;                       c→d   │
N120 X100 W-10;             d→e   ┘
…
```

5. 端面粗车复合循环指令——G72

(1) 指令功能

端面粗车复合循环指令的含义与 G71 类似，不同之处在于刀具平行于 x 轴方向切削，它是从外径方向向轴心方向切削端面的粗车循环，该循环方式适用于长径比较小的盘类工件端面粗车。

(2) 指令格式

```
G72 W(Δd) R(e) F S T;
G72 P(ns) Q(nf) U(Δu) W(Δw);
N(ns)…;
    …;
    …;
    …;
N(nf)…;
```

(3) 指令说明

① 指令参数说明：

Δd：粗车时 z 轴的切削量，无符号，进刀方向由 ns 程序段的移动方向决定。

e：粗车时 z 轴的退刀量，无符号，退刀方向与进刀方向相反。

ns：精车轨迹的第一个程序段的程序段号。

nf：精车轨迹的最后一个程序段的程序段号。

Δu：粗车时 x 轴留出的精加工余量，单位为 mm，直径值，有符号。

Δw：粗车时 z 轴留出的精加工余量，单位为 mm，有符号。

M，S，T，F：可在第一个 G72 指令或第二个 G72 指令中，也可在 ns～nf 程序中指定。在 G72 循环中，ns～nf 间程序段号的 M，S，T，F 功能都无效。

② 执行 G72 指令的走刀路径如图 3-1-14 所示。图中点 A 是 G72 指令执行中分层切削时的循环起始点，该点的位置必须大于毛坯的尺寸，也就是说点 A 必须在毛坯之外，否则导致出现撞刀的现象。图中的实线表示 G01 切削进给，虚线表示 G00 快速退刀。

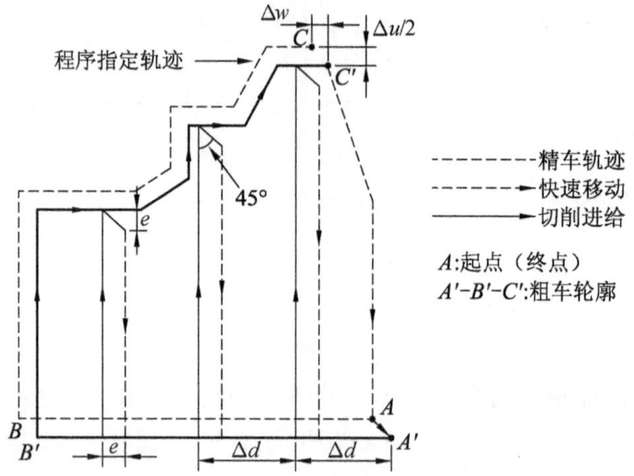

图 3-1-14　G72 指令走刀路径

③ 精加工的第一行(ns)指令中只能出现 z 轴向移动，不能指定 x 轴方向的移动。

④ $A' \rightarrow B$ 之间的零件形状，x 轴和 z 轴都必须是单调增大或单调减小，精加工程序段 $ns \sim nf$ 之间不能调用子程序。

⑤ Δu，Δw 反映了精车时坐标偏移和切入方向，按 Δu，Δw 的符号有四种不同组合，如图 3-1-15 所示，图中：$B \rightarrow C$ 为精车轨迹，$B' \rightarrow C'$ 为粗车轮廓，A 为起刀点。

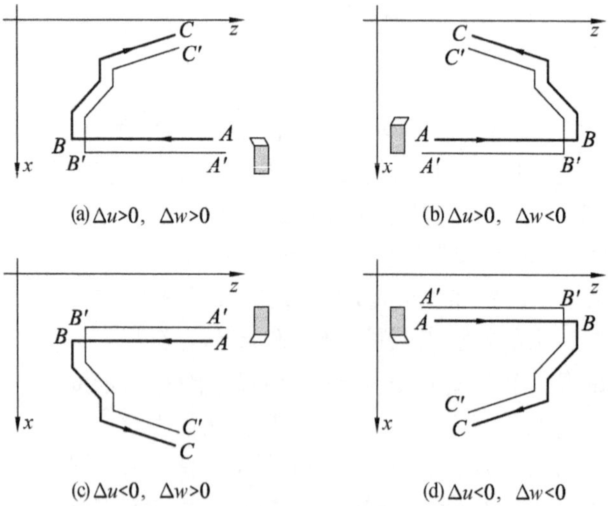

图 3-1-15　G72 指令中 Δu 和 Δw 符号

示例：如图 3-1-16 所示。

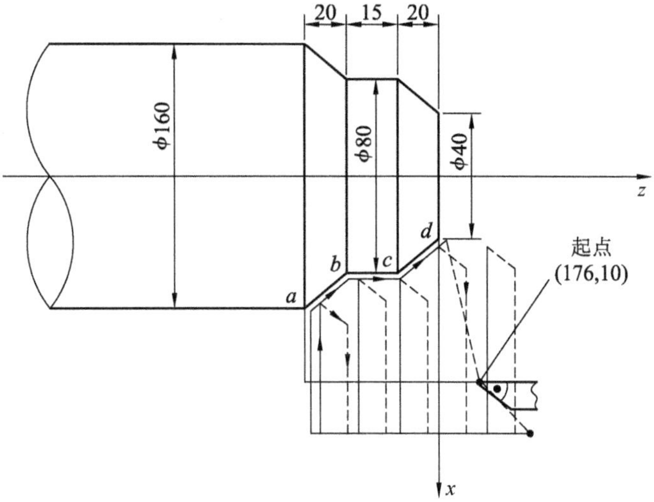

图 3-1-16 G72 加工外轮廓

部分参考程序：

```
O0005;                    程序名
T0101;                    换 1 号刀,执行 1 号刀偏
G00 X176 Z10 M03 S500     主轴正转,转速 500 r/min
G72 W2.0 R0.5 F300;       进刀量 2 mm,退刀量 0.5 mm
G72 P10 Q20 U0.2 W0.1;    a→d 粗车,x 留 0.2 mm,z 留 0.1 mm 余量
N10 G00 Z-55 S800 ;       定位        ┐
    G01 X160 F120;        进刀至 a 点 │
    X80 W20;              a→b         ├精加工路线程序段
    W15;                  b→c         │
N20 X40 W20 ;             c→d         ┘
…
```

6. 内、外圆精车复合循环指令——G70

(1) 指令功能

在经过 G71,G72 等指令粗车后,可用 G70 指令进行精车加工,切除粗加工中留下的余量。

(2) 指令格式

```
G00/G01 X_ Z_
G70 P(ns) Q(nf);
```

(3) 指令说明

① X,Z 用于定位精加工循环的起始点,该点位置必须与粗车循环的起始点相同。

② 执行 G70 精加工循环时,*ns*～*nf* 程序段中的 F,S,T 指令有效。

③ G70 指令轨迹由 *ns*～*nf* 之间程序段的编程轨迹决定。*ns*,*nf* 在 G70～G73 程序段中的相对位置关系如下：

```
…
G71/G72/…;
N(ns)…;  ┐
    …;   │
    …F;  │
    …S;  ├精加工路线程序段群
    …;   │
N(nf)…;  ┘
    …
G70 P(ns) Q(nf);
```

示例：项目二中的阶梯轴如图 3-1-17 所示，可用粗、精车循环指令来进行简化编程，参考程序见表 3-1-1。

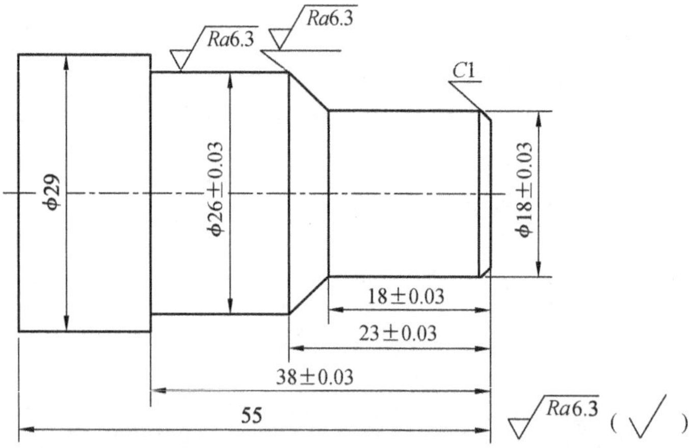

1.技术要求：
锐边去毛刺。
2.编程要求：
①加工时应注意加工工艺顺序。
②编程理论计算值以中间值为准。
③毛坯φ30×70。
④切削用量选择应注意切削深度。

图 3-1-17 阶梯轴

表 3-1-1 阶梯轴加工程序

程序	注释
O0005 ;	程序名
N10 G98 G21 G40 ;	初始化，设定进给、公制编程，取消刀尖半径补偿等
N20 M03 S800 ;	主轴正转，800 r/min
N30 T0101 ;	换 1 号刀，执行 1 号刀补
N40 G00 X40 Z0 ;	快速接近工件
N50 G01 X0 F100 ;	车端面

续表

程序	注释
N60 G01 X35 Z2 F200 ;	定位至循环起始点
N70 G71 U1.5 R1 F120 ;	x 向进给量 1.5 mm，退刀 1 mm
N80 G71 P80 Q160 U0.5 W0.01 ;	x 向余量 0.5 mm(直径)
N90 G00 X16 ;	精加工起始行
N100 G01 Z0 F80 ;	
N110 X18 Z−1 ;	
N120 Z−18 ;	
N130 X26 Z−22 ;	
N140 Z−38 ;	
N150 X29 ;	
N160 Z−55;	精加工终止行
N170 S1200 ;	精加工转速为 1200 r/min
N180 G70 P80 Q160 ;	执行 G70
N190 G00 X100 Z100 ;	退刀
N200 M05 ;	主轴停转
N210 M30 ;	程序结束

3. 工件质量误差分析

数控车床锥面和圆弧面加工中经常遇到的加工质量问题有多种，表 3-1-2、表 3-1-3 中列出了加工中常出现的误差现象、产生的原因、预防及解决方法。

表 3-1-2 锥面加工误差分析

误差现象	产生原因	预防和解决方法
锥度不符合要求	1. 程序错误 2. 工件装夹不正确	1. 检查、修改加工程序 2. 检查工件安装、增加安装刚度
切削过程出现振动	1. 工件装夹不正确 2. 刀具安装不正确 3. 切削参数不正确	1. 正确安装工件 2. 正确安装刀具 3. 编程时合理选择切削参数
锥面径向尺寸不符合要求	1. 程序错误 2. 刀具磨损 3. 未考虑刀尖圆弧半径补偿	1. 确保编程正确 2. 及时更换掉磨损大的刀具 3. 编程时增加刀具半径补偿
切削过程出现干涉现象	工件斜度大于刀具副偏角	1. 正确选用刀具 2. 改变切削方式

表 3-1-3 圆弧加工误差分析

误差现象	产生原因	预防和解决方法
切削过程出现干涉现象	1. 刀具安装不正确 2. 刀具参数不正确	1. 正确安装刀具 2. 检查、修改加工程序
圆弧凹凸方向不对	程序错误	确保编程正确
圆弧尺寸不符合要求	1. 程序不正确 2. 刀具磨损 3. 未考虑刀尖圆弧半径补偿	1. 确保编程正确 2. 及时更换掉磨损大的刀具 3. 编程时增加刀具半径补偿

任务实施

球形端轴如图 3-1-18 所示。

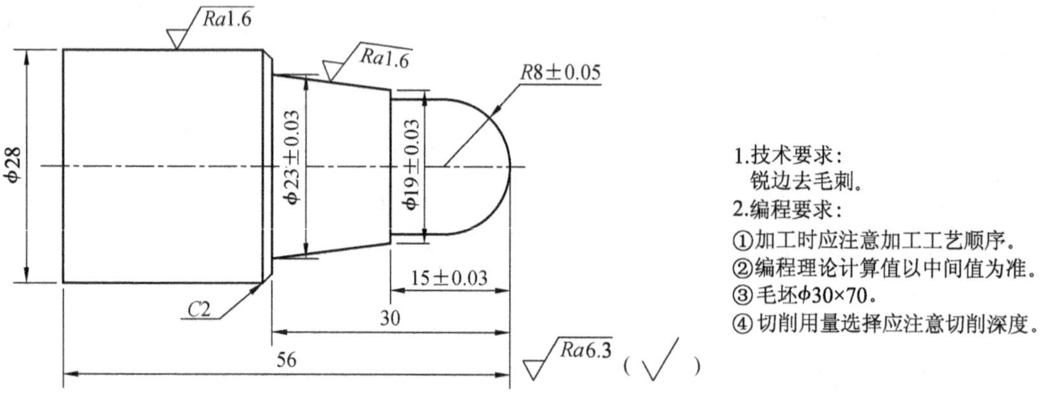

图 3-1-18 球形端轴

1. 加工准备

根据车间现场情况,确保每位操作人员能独立操作一台 FANUC 0i Mate-TC 或广州数控系统 GSK980TD 机床完成零件加工。零件加工的准备事项见表 3-1-4。

表 3-1-4 零件加工的准备事项

准备事项	准备内容
设备	数控车床
刀具	93°外圆粗车刀、93°外圆精车刀
材料	ϕ30 mm 铝棒(长度足够装夹)
量具	钢尺、游标卡尺、外径千分尺、表面粗糙度样板
其他	垫刀片、常用工具等

2. 确定数控车削加工工艺

分析图 3-1-1,该工件的尺寸精度较高的主要是ϕ23±0. 03,R8±0. 05,15±0. 05,主要通过正确的对刀、合理设置刀补及磨耗和制订合适的加工工艺等措施来保证。工件表面粗糙度要求为 Ra1. 6 μm,可通过选用合适的刀具,正确的粗、精加工路线,合理的切削用量等措施保证。

(1) 制订加工方案

结合本任务工件尺寸考虑采用自定心三爪卡盘装夹工件，可一次装夹完成所有外圆轮廓粗、精加工。装夹时，工件伸出卡盘长度约 75 mm。

(2) 选择刀具及切削用量

加工材料为铝，刀具可选用一把 93°硬质合金外圆粗车刀，装在 01 号刀位，一把 93°硬质合金外圆精车刀，装在 02 号刀位。切削用量可见表 3-1-5。

(3) 填写加工工艺卡

表 3-1-5 所示为工件的加工工艺卡。

表 3-1-5 数控加工工序卡

（工厂）	数控加工工序卡片	产品名称或代号		零件名称		材料	零件图号	
						铝		
工序号	程序编号	夹具编号		使用设备		车间		
工步号	工步内容	加工面	刀具号	刀具规格/mm	主轴转速/(r/min)	进给量/(mm/min)	背吃刀量/mm	备注
1	粗车右端面		T01		800	120		
2	粗车各段外圆		T01		800	120	1.5	
3	精车各段外圆		T02		1 000	80	0.5	
编制		审核		批准			共 页	第 页

3. 编制参考加工程序

工件的编程原点取工件右端面的中心处。参考程序见表 3-1-6。

表 3-1-6 零件加工参考程序

程序	注释
O0006 ;	程序名
N10 M03 S800 ;	主轴正转，800 r/min
N20 G00 X100 Z100;	刀架回换刀点
N30 T0101 ;	换 1 号刀，执行 1 号刀补
N40 G00 X35 Z0 ;	快速接近工件
N50 G01 X0 F100 ;	车平端面
N60 G42 G01 X35 Z2 F200 ;	定位至循环起始点
N70 G71 U1.5 R1 F120 ;	x 向进给量 1.5 mm，退刀 1 mm

续表

程序	注释
N80 G71 P90 Q170 U1 W0.01 ;	x 向余量 1 mm(直径)
N90 G00 X0 ;	精加工起始行
N100 G01 Z0 F80 ;	
N110 G03 X16 Z−8 R8 ;	
N120 G01 Z−15 ;	
N130 X19 ;	
N140 X23 Z−30 ;	
N150 X24 ;	
N160 X28 W−2;	
N170 Z−56;	精加工终止行
N180 G00 X100 Z100;	回换刀点
N190 T0202 ;	换 1 号刀,执行 1 号刀补
N200 S1200;	精加工转速为 1200 r/min
N170 G42 G00 X35 Z2;	快速定位精加工起刀点
N180 G70 P90 Q160 ;	精加工循环
N190 G00 X100 Z100 ;	刀具回换刀点
N200 M05 ;	主轴停转
N210 M30 ;	程序结束

注:该程序可用于 FANUC 和 GSK980TD 数控车床系统。

4. 完成工件加工

按照项目一和项目二中学习的数控车床操作要求,规范、正确地操作数控车床。在加工过程中注意以下几点。

(1) 对刀操作

本任务中用到了 T01 和 T02 两把刀,要求两把刀都必须完成对刀操作。两把刀都是外圆刀,对刀方法相同,具体操作参考项目一。先完成 T01 号刀对刀,把数据输入到 01 号刀具长度补偿存储器中;然后再进行 T02 对刀操作,在 T02 刀具的对刀操作时,切削端面时只需要将刀位点移至工件右端面和外圆处轻轻接触,有微量切屑飞出,然后按操作步骤,将数据输入到 02 号刀具长度补偿存储器中。

(2) 零件自动加工及尺寸控制

当加工前的各项准备工作完成后,程序检查无误,调好主轴、进给倍率后,选择 AUTO 自动加工方式,打开单段方式,按启动按钮进行自动加工。

程序运行中,为了确保尺寸控制在精度范围内,可以利用刀具磨耗的补偿原理,在粗加工结束后暂停机床加工,检测尺寸,进行尺寸补偿操作,具体步骤如下:

① 当程序执行完成粗加工程序段后，即“N180 G00 X100 Z100;”，机床暂停。

② 检测外圆尺寸，与设计尺寸相比（应加上精加工余量），如果尺寸偏大，则进行负补偿操作，如果尺寸偏小，则进行正补偿操作。FANUC 和 GSK980TD 的输入界面如图3-1-19 和3-1-20 所示。

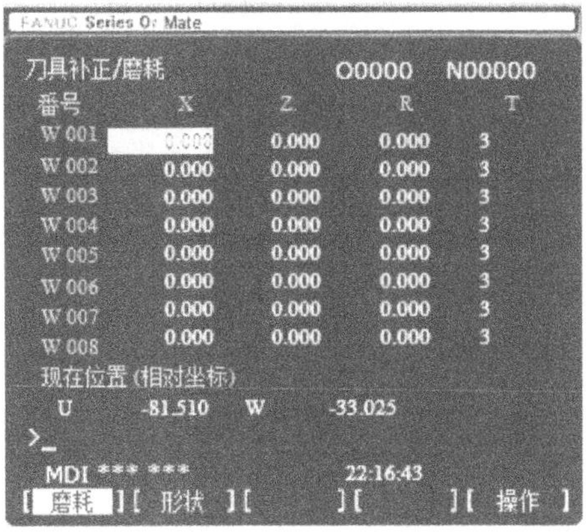

图 3-1-19 FANUC 系统的磨耗输入页面

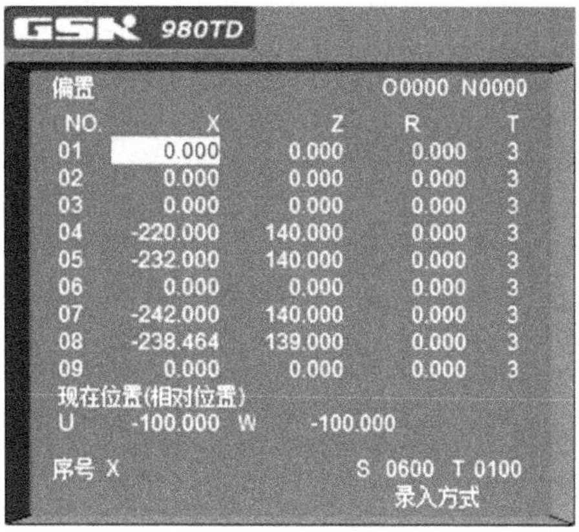

图 3-1-20 GSK980TD 系统的补偿输入界面

③ 补偿操作结束后，按“EDIT”键，进入程序页面，将光标调至“N190 T0202 ;”处。

④ 自动执行精加工程序段。

⑤ 测量尺寸，如果测量尺寸仍偏大超过公差，可继续修调直至达到尺寸精度。

5. 尺寸检测

检测尺寸，对照表 3-1-2、表 3-1-3 分析尺寸误差形成的原因，提出解决方案。

6. 加工结束，清理机床

按照生产现场 6S 管理规范，在加工结束后，整理工量具，清除机床切屑，做好机床的日常保养和实习车间的卫生。

任务二 制动手柄编程与加工

任务描述

制动手柄如图 3-2-1 所示。毛坯尺寸为ϕ55 mm 长棒料，材料为铝棒。要求完成零件的数控加工工艺设计，编写零件的数控加工程序，完成零件的数控车削加工。

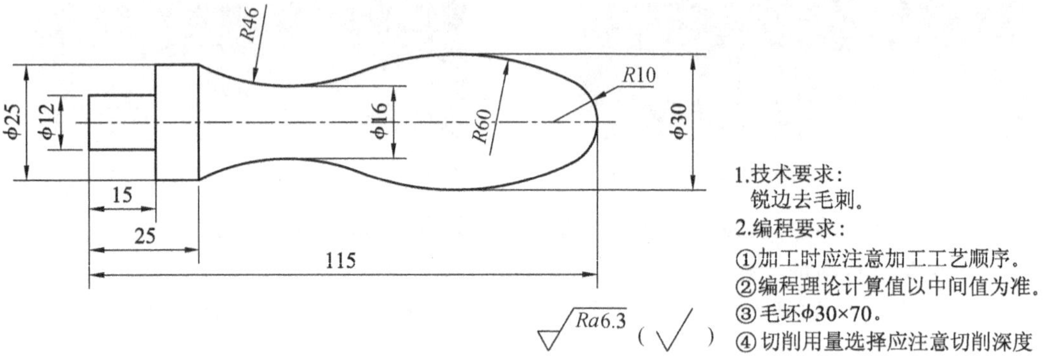

图 3-2-1 制动手柄

任务分析

该任务需要根据工件结构合理进行工艺安排，选择适合的切削用量，完成工艺文件；在数控编程中，需要学习粗、精加工循环编程的方法，槽加工的切削方法，掌握相应的编程指令；在零件切削加工的过程中，学习切槽刀的对刀方法；能准确测量加工后的零件尺寸，分析误差，能应用刀具补偿功能修调尺寸直至达到图纸要求。

◎**知识点：**

◇（外圆尺寸非单向递增）外圆粗车循环编程指令；

◇ 槽加工工艺设计；

◇ 切槽与切断编程指令。

◎**技能点：**

◇ 切槽刀对刀；

◇ 切槽的切削用量选用；

◇ 切槽加工程序编写。

理论与工艺知识

1. 槽加工工艺分析

零件上槽的形式很多，如图 3-2-2 所示。槽加工工艺的确定，要服从于整个零件加工的需要，同时还要考虑到槽加工的特点。槽的种类很多，考虑其加工特点，它大体可以分为单槽、多槽、宽槽、深槽及异形槽几类。加工时可能遇到几种形式的叠加，如单槽同时也可能是深槽，也可能是宽槽。

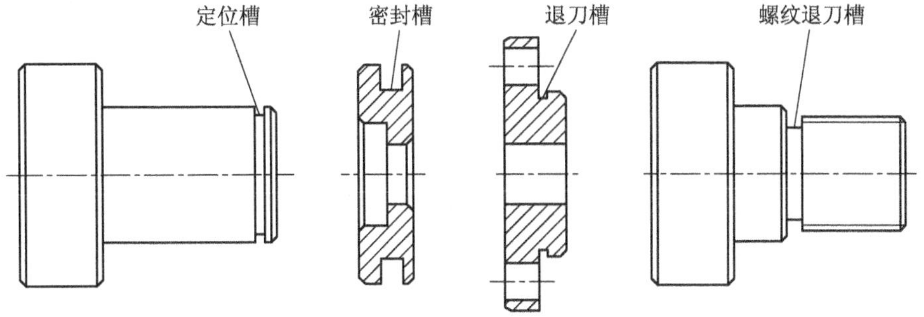

图 3-2-2 带槽零件示意图

(1) 切槽加工的特点

① 切削变形大。当切槽时，由于切槽刀的主切削刃和左、右副切削刃时切削时同时参加切削，切屑排出时，受到槽两侧的摩擦、挤压作用，以致切削变形大。

② 切削力大。由于切槽过程中切屑与刀具、工件的摩擦，切槽时被切金属的塑性变形大，所以在切削用量相同的条件下，切槽时切削力比一般车外圆时的切削力大 20%～25%。

③ 切削热比较集中。当切槽时，塑性变形大，摩擦剧烈，故产生切削热也多，会加剧刀具的磨损。

④ 刀具刚性差。通常切槽刀主切削刃宽度较窄(一般在 2～6 mm 之间)，刀头狭长，所以刀具的刚性差，切断过程中容易产生振动。

(2) 刀具选择与进刀方式

① 对于宽度、深度不大，且精度要求不高的槽，可采用与槽等宽的刀具直接切入一次成形，如图 3-2-3 所示。刀具切入到槽底后可以利用延时指令进行短暂停留，以修整槽底的圆度。

② 对于宽度不大，但深度较大的深槽零件，为了避免在切槽过程中由于排屑不畅，使刀具前刀面压力过大出现扎刀和折断刀具的现象，应采用分次进刀的方式，刀具在切入工件一定深度后，停止进刀并回退一段距离，达到断屑和退屑的目的，如图 3-2-4 所示。同时应注意尽量选择强度较高的刀具。

③ 宽槽的切削。宽槽的宽度、深度的精度要求及表面质量要求相对较高。在切削宽槽时常采用排刀的方式进行粗切，然后用精切槽刀沿槽的一侧切至槽底，精加工槽底至槽的另一侧，再沿侧面推出。切削方式如图 3-2-5 所示。

④ 异形槽的加工。异形槽的加工多采用先切直槽然后修整轮廓的方法。

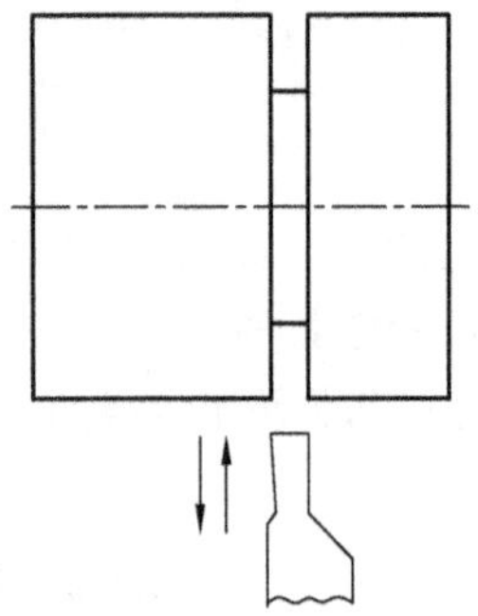

图 3-2-3 简单槽类零件的加工方式

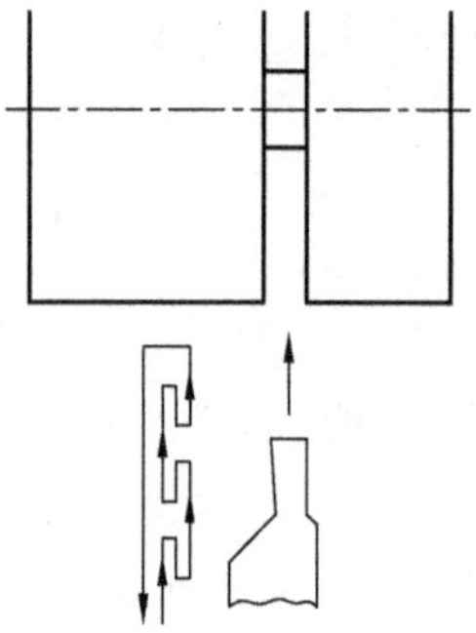

图 3-2-4 深槽零件的加工方式

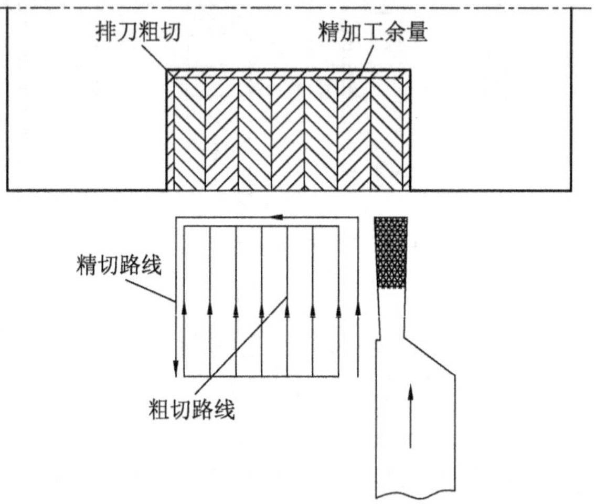

图 3-2-5 宽槽切削方式示意图

(3) 切削用量的选择

背吃刀量、进给量和切削速度是切削用量的三要素，切槽过程中背吃刀量等于切刀主切削刃宽度。要增加切削稳定性，提高切削效率，就要选择合适的切削速度和进给量。通常，在数控车床上切槽时，切削速度可以选择外圆切削的 60%～80%，进给量选取 0.05～0.3 mm/r。

2. 内、外圆粗车复合循环指令——G73

(1) 指令功能

G73 指令又称成型加工复合循环指令，也称固定形状粗车循环。该指令可以按零件轮廓的形状重复车削，每次平移一个距离，直至达到零件要求的轮廓。这种车削循环不受零件外形的影响(G71 指令则只能用于外形尺寸单向递增的零件)，可以有效地切削铸造成型、锻造成型或已粗车成型的工件。

(2) 指令格式

```
G73 U(Δi) W(Δk) R(d) F S T;
G73 P(ns)  Q(nf)  U(Δu)  W(Δw);
```

```
N (ns) …;  ┐
       …;  │
       …F; │
       …S; │
       …;  │
N (nf) …;  ┘
```

(3) 指令说明

① 指令参数说明：

Δi：x 轴粗车退刀量，半径值指定，模态值，有符号，直到下个指定之前均有效。

Δk：z 轴粗车退刀量，正值，模态值，直到下个指定之前均有效。

d：切削的次数，模态值，直到下个指定之前均有效。例如，$R5$ 表示 5 次切削完成封闭切削循环。

ns：精车轨迹的第一个程序段的程序段号。

nf：精车轨迹的最后一个程序段的程序段号。

Δu：x 轴的精加工余量，直径值指定，模态值，有符号，直到下个指定之前均有效。

Δw：z 轴的精加工余量。未输入 W(Δw)时，系统按 $\Delta w=0$ 处理，即粗车循环 z 轴不留精加工余量。

F：切削进给速度。

S：主轴转速。

T：刀具号、刀具偏置号。

M，S，T，F：指令字可在第一个 G73 指令或第二个 G73 指令中，也可在 ns～nf 程序中指定。在 G73 循环中，ns～nf 间程序段号的 M，S，T，F 功能都无效，仅在有 G70 精车循环的程序段中才有效。

② G73 指令的运行轨迹如图 3-2-6 所示。图中点 A 是 G73 指令执行中分层切削时的循环起始点，该点的位置必须大于毛坯的尺寸，也就是说，点 A 必须在毛坯之外，否则导致出现撞刀的现象。图中的实线表示 G01 切削进给，虚线表示 G00 快速退刀。

③ G73 指令必须带有 P，Q 地址 ns，nf，且与精加工路径起、止顺序号对应，否则不能进行该循环加工。在顺序号 ns 到顺序号 nf 的程序段中，不能调用子程序。

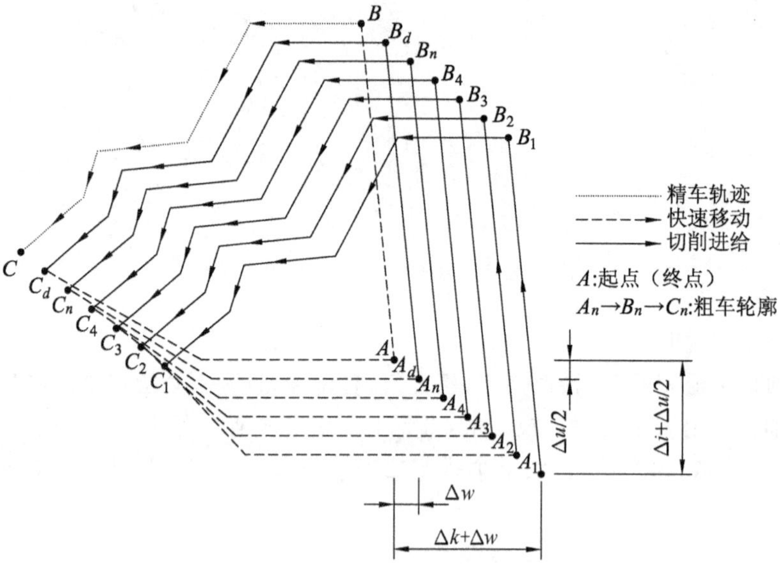

图 3-2-6　G73 指令的运行轨迹

④ Δi,Δk 反映了粗车时坐标偏移和切入方向,Δu,Δw 反映了精车时坐标偏移和切入方向;Δi,Δk,Δu,Δw 可以有多种组合,在一般情况下,通常 Δi 与 Δu 的符号一致,Δk 与 Δw 的符号一致,常用有四种组合,如图 3-2-7 所示,图中:A 为起刀点,$B \to C$ 为工件轮廓,$B' \to C'$ 为粗车轮廓,$B'' \to C''$ 为精车轨迹。

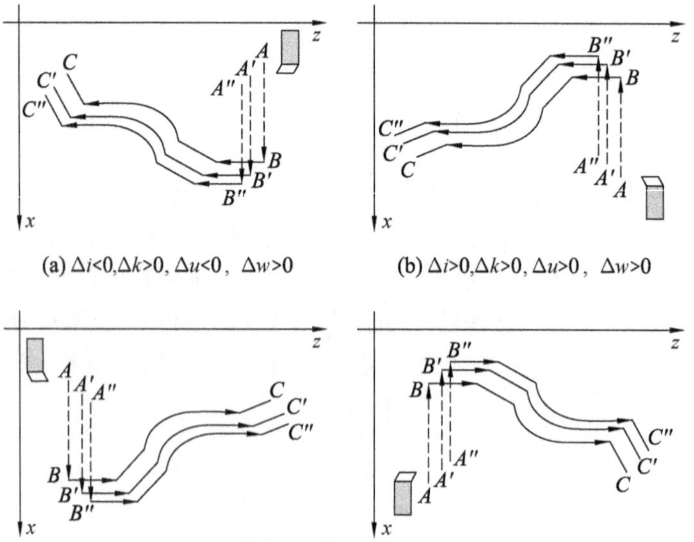

(a) $\Delta i<0, \Delta k>0, \Delta u<0, \Delta w>0$　(b) $\Delta i>0, \Delta k>0, \Delta u>0, \Delta w>0$

(c) $\Delta i<0, \Delta k<0, \Delta u<0, \Delta w<0$　(d) $\Delta i>0, \Delta k<0, \Delta u>0, \Delta w<0$

图 3-2-7　G73 指令中 Δi,Δk,Δu,Δw 的符号

示例:如图 3-2-8 所示。

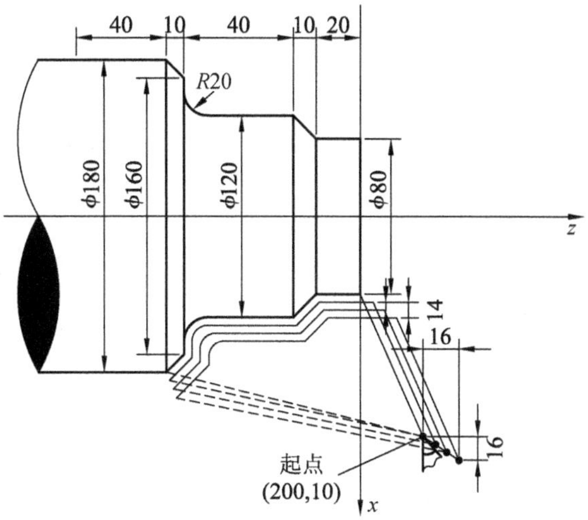

图 3-2-8 G73 加工轮廓

轮廓加工部分参考程序：

```
O0010;                                    程序名
N10   G99  M03 S600;                      指定每转进给，启动主轴
N20   T0101;                              调用 01 号刀，01 号刀补
N30    G00 X200 Z10                       定位 G73 循环起点
N40    G73 U1.0 W1.0 R3 ;                 x 轴退刀 2 mm(半径指定)，z 轴退刀 1 mm
N50    G73 P60  Q110  U0.5 W0.3 F0.3 ;    x 轴留 0.5 mm(直径制定)，z 轴留
                                          0.3 mm 精车余量
N60    G00 X80;
N70    G01 Z-20   F0.15
N80         X120 W-10 ;
N90         W-20 ;
N100   G02  X160  W-20  R20 ;
N110   G01 X180 W-10 ;
N120   S1200;
N130   G70  P60  Q110;                    精加工循环
N140   G00   X200 Z100;
N150   M30;                               程序结束
```

3. 内孔、外径沟槽复合循环指令——G75

(1) 指令功能

G75 指令称为内孔、外圆沟槽复合循环指令，该指令能实现内孔、外圆切槽的断屑加工。

（2）指令格式

```
G75 R(e)；
G75 X(U) Z(W) P(Δi) Q(Δk) R(Δd) F ；
```

（3）指令说明

① 指令参数说明：

e：每次径向（x 轴）进刀后的径向退刀量，模态值，执行后指令值保持有效。

X：切削终点 B_f 的 x 轴绝对坐标值。

U：切削终点 B_f 与起点 A 的 x 轴绝对坐标的差值。

Z：切削终点 B_f 的 z 轴的绝对坐标值。

W：切削终点 B_f 与起点 A 的 z 轴绝对坐标的差值。

Δi：径向进刀时，x 轴断续进刀的进刀量，半径值，单位为 0.001 mm，无符号。

Δk：单次径向切削循环的轴向（z 轴）进刀量，单位为 0.001 mm，无符号。

Δd：切削至径向切削终点后，轴向（z 轴）的退刀量，无符号。如果省略 Δd 时，系统默认径向切削终点后，轴向（z 轴）的退刀量为 0。

省略 Z(W) 和 Q(Δk)，默认往正方向退刀。

② 执行 G75 指令走刀动作轨迹如图 3-2-9 所示。

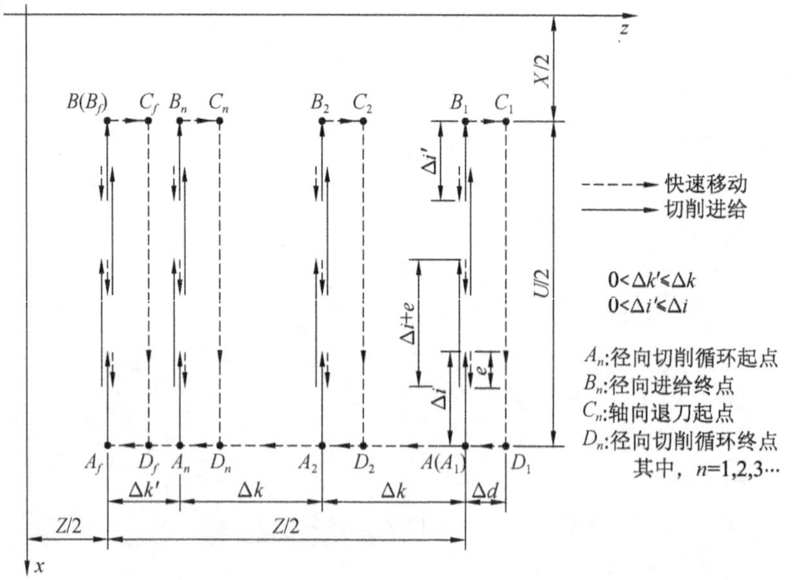

图 3-2-9 G75 轨迹图及参数示意图

示例：如图 3-2-10 所示，加工零件上 ϕ20 mm×20 mm 的外径沟槽。

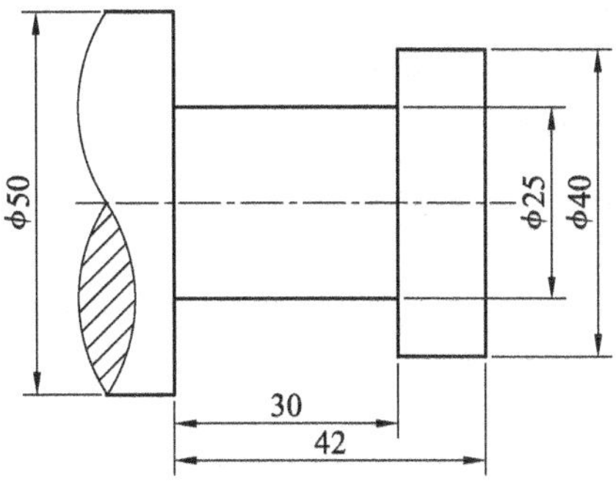

图 3-2-10　G75 加工径向槽图

此槽较宽，用宽度为 3 mm 的切槽刀，刀位点设在右刀尖。用 G75 指令编程如下：

程序	说明
O0007；	程序名
N10　G98 G21 G40；	指定进给、公制编程，取消刀具补偿
N20　M03 S500；	主轴正转，转速为 500 r/mm
N30　T0202；	换 2 号切槽刀，执行 2 号刀补
N40　G00 X55.0 Z−12.0；	定位到切槽起始点
N50　G75 R0.5；	指定切槽循环退刀量 0.5 mm
N60　G75 X25.0 Z−39.0 P2000 Q2500 R0 F200；	指定各项参数
N70　G00 X100.0；	x 向退刀
N80　Z150.0；	z 向退刀
N90　M05；	主轴停转
N100　M30；	程序结束并返回程序起点

4. 暂停指令——G04

(1) 指令功能

该使刀具在指令规定的时间内停止移动。执行该指令时，各轴运动停止，不改变当前的 G 指令模态和保持的数据、状态，延时给定的时间后，再执行下一个程序段。

(2) 指令格式

```
    G04 P_ ；
或
    G04 X_ ；
或
    G04 U_ ；
```

(3) 指令说明

① 指令参数说明：P_、X_或 U_指定 G04 延时时间；P，X，U 指令范围为 0.001～99999.999 s，U，X 的时间单位是 s，P 的时间单位是 0.001 s。

例如要暂停 2.0 s，可以用 G04 指令指定：G04 X2.0 或 G04 U2.0 或 G04 P2000。

② G04 为非模态 G 指令，仅在其被规定的程序段中有效。

③ G04 可使刀具作短暂停留，以获得圆整而光滑的表面。该指令除了用于切槽、钻镗孔外，还用于拐角轨迹控制。

4. 槽加工的质量分析

数控车床上进行槽加工时经常遇到的加工误差有多种，其误差现象、产生的原因、预防和解决方法见表 3-2-1。

表 3-2-1 切槽加工误差分析

误差现象	产生原因	预防和解决方法
槽的单侧或双侧出现小台阶	刀具数据不准确或程序错误	1. 检查、修改加工程序 2. 检查工件安装，增强安装刚度
槽底不平整出现倾斜	刀具安装不正确	正确安装刀具
槽的侧面出现凹凸面	1. 刀具安装角度不对称 2. 刀具刀刃两侧磨损不对称	1. 正确安装工件 2. 正确安装刀具 3. 编程时合理选择切削参数
槽的两个侧面倾斜	刀具磨损	重新刃磨刀具或更换刀片
槽底出现振动现象，留有振纹	1. 工件装夹不正确 2. 刀具安装不正确 3. 切削参数不正确 4. 程序延时时间太长	1. 检查工件安装，增强安装刚性 2. 调整刀具安装位置 3. 提高或降低切削速度 4. 缩短程序延时时间
切槽过程出现扎刀现象，造成刀具断粒	1. 进给量过大 2. 切屑阻塞	1. 降低进给速度 2. 采用断、退屑方式切入
切槽过程中出现较强的振动，噪声刺耳	1. 工件装夹不正确 2. 刀具安装不正确 3. 进给速度太低	1. 检查工件安装，增强安装刚性 2. 调整刀具安装位置 3. 提高进给速度

任务实施

1. 加工准备

根据车间现场情况，确保每位操作人员能独立操作一台 FANUC 0i Mate-TC 或广州数控系统 GSK980TD 机床完成零件加工。零件加工的准备事项见表 3-2-2。

表 3-2-2 零件加工的准备事项

准备事项	准备内容
设备	数控车床
刀具	93°外圆弧尖刀(装 55°菱形刀片)、切槽刀
材料	ϕ35 mm 铝棒(长度足够装夹)
量具	钢尺、游标卡尺、外径千分尺
其他	垫刀片、对刀板、常用工具等

2. 确定数控车削加工工艺

分析图 3-2-1，该制动手柄的外形是凹凸相间的较复杂轮廓的轴类零件，其加工难点是保证圆弧表面的形状误差，可通过正确选用刀具、精确计算基点坐标、合理选用切削用量等方法来保证加工精度。

(1) 制订加工方案

采用一次装夹完成工件加工，可先完成粗、精加工弧形外圆，然后用切槽加工 $\phi 20$ mm 圆柱段，最后切断工件即可。

(2) 选择刀具及切削用量

加工材料为铝，考虑到工件外圆结构中有凹圆弧，为避免发生干涉，可选用一把 93° 硬质合金外圆尖刀，安装 55°菱形刀片，装在 01 号刀位；选用一把硬质合金切槽刀，刀宽为 4 mm，装在 02 号刀位。切削用量可见表 3-2-3。

(3) 填写加工工艺卡

表 3-2-3 所示为工件加工的工艺卡。

表 3-2-3 数控加工工序卡

<table>
<tr><td rowspan="2">(工厂)</td><td rowspan="2" colspan="2">数控加工工序卡片</td><td colspan="2">产品名称或代号</td><td colspan="2">零件名称</td><td>材料</td><td>零件图号</td></tr>
<tr><td colspan="2"></td><td colspan="2">制动手柄</td><td>铝</td><td></td></tr>
<tr><td>工序号</td><td colspan="2">程序编号</td><td colspan="2">夹具编号</td><td colspan="2">使用设备</td><td colspan="2">车间</td></tr>
<tr><td></td><td colspan="2"></td><td colspan="2"></td><td colspan="2"></td><td colspan="2"></td></tr>
<tr><td>工步号</td><td>工步内容</td><td>加工面</td><td>刀具号</td><td>刀具规格/mm</td><td>主轴转速/(r/min)</td><td>进给量/(mm/min)</td><td>背吃刀量/mm</td><td>备注</td></tr>
<tr><td>1</td><td>粗车右端面</td><td></td><td>T01</td><td></td><td>800</td><td>120</td><td></td><td></td></tr>
<tr><td>2</td><td>粗车各段外圆</td><td></td><td>T01</td><td></td><td>800</td><td>120</td><td>1.5</td><td></td></tr>
<tr><td>3</td><td>精车各段外圆</td><td></td><td>T01</td><td></td><td>1000</td><td>80</td><td>0.5</td><td></td></tr>
<tr><td>4</td><td>切槽</td><td></td><td>T02</td><td></td><td>500</td><td>40</td><td></td><td></td></tr>
<tr><td>5</td><td>切断</td><td></td><td>T02</td><td></td><td>500</td><td>40</td><td></td><td></td></tr>
<tr><td>编制</td><td></td><td>审核</td><td colspan="2"></td><td>批准</td><td></td><td>共 页</td><td>第 页</td></tr>
</table>

3. 编制参考加工程序

以工件右端面中心为工件坐标系原点建立工件坐标系，外圆基点中，由圆弧 *R*10、*R*60 和 *R*46 相切而得到的切点，基点坐标标示如图 3-2-11 所示，可通过 CAD 软件准确标出切点坐标：*A*(X18，Z－5.641)，*B*(X22.076，Z－53.237)，*C*(X25，Z－90)，*D*(X25，Z－100)，*E*(X12，Z－100)，*F*(X12，Z－115)。参考程序见表 3-2-4。

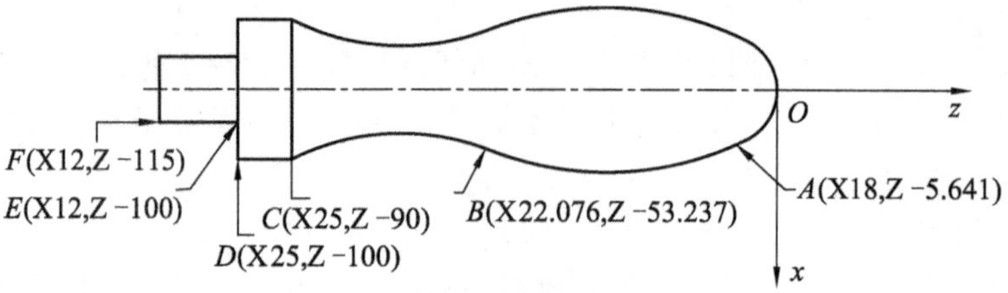

图 3-2-11 工件外圆基点坐标示意图

表 3-2-4 零件加工参考程序

程序	注释
O0008 ;	程序名
N10 M03 S800 ;	主轴正转,800 r/min
N20 G00 X100 Z100;	刀架回换刀点
N30 T0101 ;	换 1 号刀,执行 1 号刀补
N40 G00 X35 Z0 ;	快速接近工件
N50 G01 X0 F100 ;	车平端面
N60 G42 G01 X40 Z2 F200 ;	定位至循环起始点
N70 G73 U17.5 W0 F120 ;	x 向总退刀量为 17.5
N80 G73 P90 Q140 U0.5 W0;	
N90 G00 X0;	精加工程序段起始
N100 G01 Z0 F80;	
N110 G03 X18 Z−5.641 R10;	
N120 X22.076 Z−53.237 R60;	
N130 G02 X25 Z−90 R46;	
N140 G01 Z−120;	外圆精加工程序段结束
N150 S1200;	
N160 G70 P90 P140;	外圆精加工循环
N170 G40 G00 X100 Z100;	回换刀点
N180 T0202;	换刀
N190 M03 S500;	设定主轴转速
N200 G00 X32 Z−104;	定位切槽循环起点
N210 G75 R1;	切槽循环
N220 G75 X12 Z−119. P3000 Q2000 R0 F50;	
N230 Z−119;	

续表

程序	注释
N240 G01 X13 F50；	倒角，切断
N250 X10；	
N260 X13；	
N270 Z−118.；	
N280 X12；	
N290 X10 Z−119.；	
N300 X0；	
N310 G00 X100；	回换刀点
N320 Z100；	
N330 M05；	主轴停转
N340 M30；	程序结束并返回程序起点

4. 完成工件加工

按照项目一和项目二中学习的数控车床操作要求，规范、正确地操作数控车床。在加工过程中注意以下几点。

(1) 装夹刀具

外圆刀安装在01号刀位上，切槽刀安装在02号刀位上。切槽刀安装时应注意伸出不能太长，主切削刃要与工件轴线平行，要保证副偏角的角度，刀刃要对准工件中心线，如图3-2-12所示。

(2) 对刀

首先完成T01号外圆刀，操作过程见项目一。再对切槽刀，切槽刀的刀位点如图3-2-13所示。切槽刀对刀时采用左侧刀尖为刀位点，一定要与编程采用的刀位点一致。

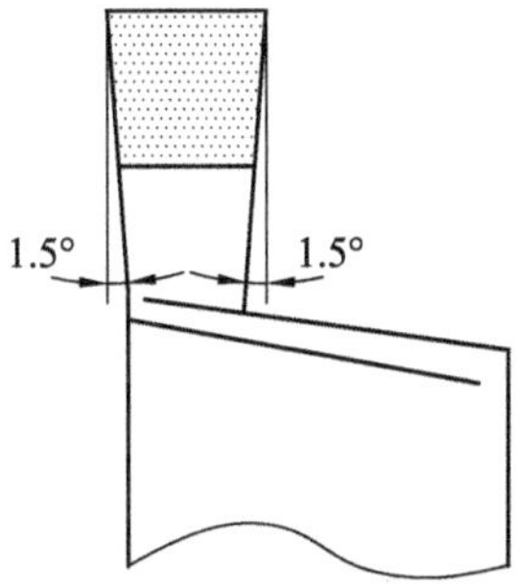

图3-2-12 切槽刀安装图

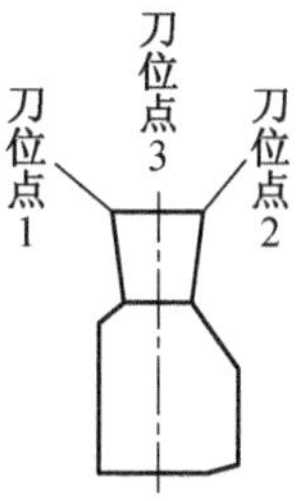

图3-2-13 切槽刀刀位点

对刀操作步骤如下：

① z轴对刀

手轮方式，先使主轴正转，转速设定在S400，移动刀具，使切槽刀左侧刀尖刚好接触工件右端面，如图3-2-14所示，然后沿x正向退刀，停主轴，将数据录入到02刀补值。

② x 轴对刀

手轮方式，先使主轴正转，转速设定在 S400，移动刀具，使切槽刀左侧刀尖刚好接触工件外圆（或车一段外圆），如图 3-2-15 所示，刀具沿 z 轴正向退出，停主轴，测量外圆直径，将数据录入到 02 刀补值。

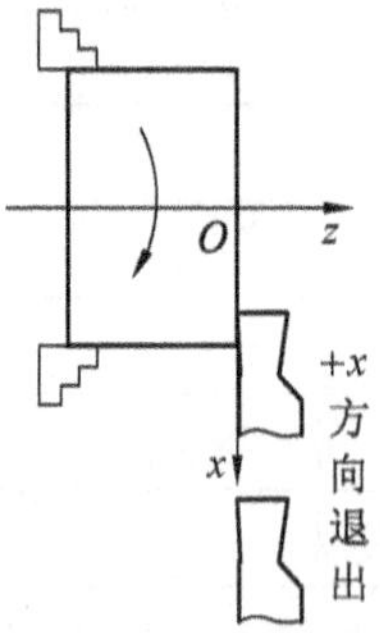

图 3-2-14　切槽刀 z 向对刀图

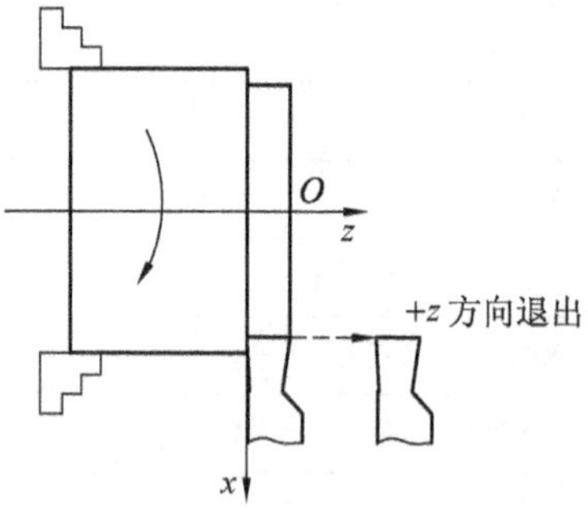

图 3-2-15　切槽刀 x 向对刀图

5. 尺寸检测

检测尺寸，对照表 3-1-2、表 3-1-3 和表 3-2-1，分析形成尺寸误差和槽形状误差的原因，提出解决方案。

6. 加工结束，清理机床

按照生产现场 6S 管理规范，在加工结束后，整理工量具，清除机床切屑，做好机床的日常保养和实习车间的卫生。

项目四 螺纹件加工

4

☞ 任务一　连接螺栓编程与加工

☞ 任务二　双头螺纹轴编程与加工

☞ 任务三　过渡套编程与加工

实训报告及任务评价

任务一 连接螺栓编程与加工

任务描述

连接螺栓如图 4-1-1 所示。毛坯尺寸为ϕ35 mm 棒料，材料为 45 钢。要求完成零件的数控加工工艺设计，编写零件的数控加工程序，完成零件的数控车削加工。

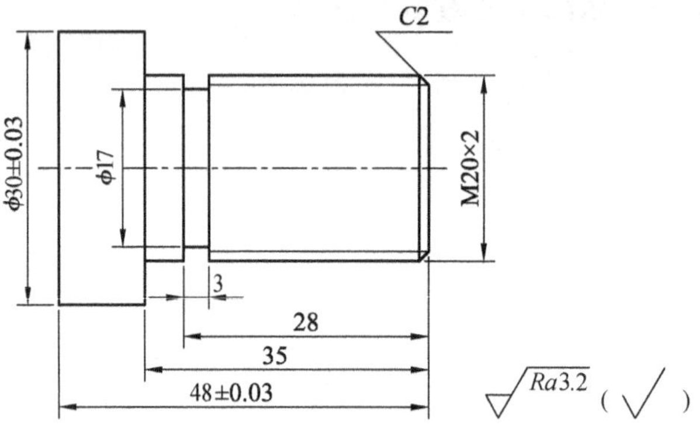

图 4-1-1 连接螺栓

任务分析

螺纹是零件上常见的一种结构，带螺纹的零件是机器设备中重要的零件。作为标准件，它的用途十分广泛，能起到连接、传动和紧固等作用。该任务的连接螺栓是普通三角螺纹件，需要学习数控车床上螺纹加工的特点，学习制定螺纹件的加工工艺，编写加工程序，准确测量加工后的零件尺寸，分析误差，能应用刀具补偿功能修调尺寸直至达到图纸要求。

◎**知识点：**

◇ 普通三角螺纹的基本参数；

◇ 加工螺纹的编程指令和方法；

◇ 螺纹切削的工艺特点；

◇ 切削液的选用。

◎**技能点：**

◇ 螺纹刀安装与对刀；

◇ 螺纹的尺寸检测方法；

◇ 完成零件加工，修调尺寸。

理论与工艺知识

1. 普通螺纹的基本要素

(1) 牙型

沿螺纹轴线剖切时，螺纹牙型轮廓的剖面形状称为牙型。螺纹的牙型有三角形、梯形、锯齿形等。不同的螺纹牙型有不同的用途。

(2) 螺纹的直径

螺纹直径包括大径、小径和中径。大径是外螺纹牙顶或内螺纹牙底相重合的假想圆柱面的直径，内、外螺纹分别用 D 和 d 表示，也称为螺纹的公称直径。小径是指与外螺纹牙底或内螺纹牙顶相重合的假想圆柱面的直径，内、外螺纹分别用 D_2 和 d_2 表示。螺纹中径介于大径和小径之间，其母线通过牙型沟槽宽度和凸起宽度相等的假想圆柱面的直径，内、外螺纹分别用 D_1 和 d_1 表示。

(3) 线数

螺纹有单线螺纹和多线螺纹两种，沿一条螺旋线形成的螺纹为单线螺纹，沿轴向等距分布的两条或两条以上的螺旋线所形成的螺纹为多线螺纹。

(4) 螺距(P)和导程(L)

相邻两牙在中径线上对应两点之间的轴向距离成为螺距。同一螺旋线上相邻两牙在中径线上对应两点的轴向距离成为导程。导程和螺距的关系为 $L=nP$。

(5) 旋向

螺纹有右旋和左旋两种，按顺时针方向旋转时旋进的螺纹称为右旋螺纹，按逆时针方向旋转时旋进的螺纹称为左旋螺纹。

2. 螺纹尺寸计算

(1) 三角形螺纹的主要参数及计算公式

三角形螺纹的主要参数及计算公式见表 4-1-1；螺纹尺寸如图 4-1-2 所示。

表 4-1-1 三角形螺纹主要参数及计算公式

名称	代号	计算公式
牙型角	α	60°
原始三角形高度	H	
螺距	P	
螺纹大径	D—内螺纹；d—外螺纹	
螺纹中径	D_2—内螺纹；d_2—外螺纹	$D_2=D-0.6495P$；$d_2=d-0.6495P$
牙型高度	h_1	$h_1=5H/8=0.5413P$
螺纹小径	D_1—内螺纹；d_1—外螺纹	$D_1=D-2h_1=D-1.083P$ $d_1=d-2h_1=d-1.083P$

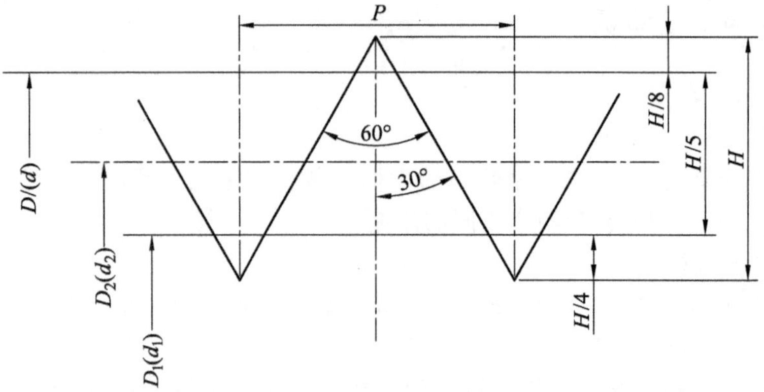

图 4-1-2 螺纹尺寸

(2) 车外螺纹前圆柱面及螺纹实际小径的确定

对于塑性材料而言，车削螺纹时由于车刀的挤压作用，会使外径胀大，因此车螺纹前的圆柱面直径应比螺纹公称直径小 0.1～0.4 mm，一般取 $d_{实}=d-0.1P$。螺纹实际牙型高度考虑刀尖圆弧半径等因素的影响，一般取 $h_{1实}=0.65P$；螺纹实际小径 $d_{1实}=d-2h_{1实}=d-1.3P$。

3. 螺纹切削加工有关参数的确定

(1) 走刀次数和背吃刀量

螺纹加工处于多刃切削，切削力大，需要进行多次分层切削。加工时为防止切削力过大，可适当增加切削加工次数。螺纹走刀次数根据螺纹高度确定，加工余量逐层递减。常用螺纹的进给次数及背吃刀量见表 4-1-2。

表 4-1-2 常用螺纹的进给次数及背吃刀量 单位：mm

米制螺纹								
螺距		1	1.5	2	2.5	3	3.5	4
牙深(半径值)		0.65	0.975	1.3	1.625	1.95	2.275	2.6
切深(直径值)		1.3	1.95	2.6	3.25	3.9	4.55	5.2
走刀次数及每次背吃量(直径值)	1	0.7	0.8	0.8	1.0	1.2	1.5	1.5
	2	0.4	0.5	0.6	0.7	0.7	0.7	0.8
	3	0.2	0.5	0.6	0.6	0.6	0.6	0.6
	4		0.15	0.4	0.4	0.4	0.6	0.6
	5			0.2	0.4	0.4	0.4	0.4
	6				0.15	0.4	0.4	0.4
	7					0.2	0.2	0.4
	8						0.15	0.3
	9							0.2

(2) 主轴转速和进给速度

数控车床进行螺纹切削时，是根据主轴上的位置编码器发出的脉冲信号，控制刀具进给运动形成螺旋线。主轴每转一转，刀具进给一个螺距。例如，切削螺距为 2 mm 的螺纹，即主轴每转的刀具进给量为 2 mm，则刀具的进给速度 $f=2$ mm/r，对比车削外圆的常用进给速度约 0.2 mm/r，可以看出，螺纹切削时的刀具进给速度非常快，因此，螺纹切削时要选择较低的主轴转速，以此降低刀具的进给速度。

(3) 导入量和退出量

如图 4-1-3 所示，在数控车床上车削螺纹时，机床伺服系统本身具有滞后性，会在螺纹加工的起始段和停止段发生螺纹的螺距不规则现象，所以螺纹切削时，应注意在两端设置足够的空行程导入量 $L_1=(1.3\sim1.5)P$ 和空行程退出量 $L_2=(1.1\sim1.3)P$，P 为导程。

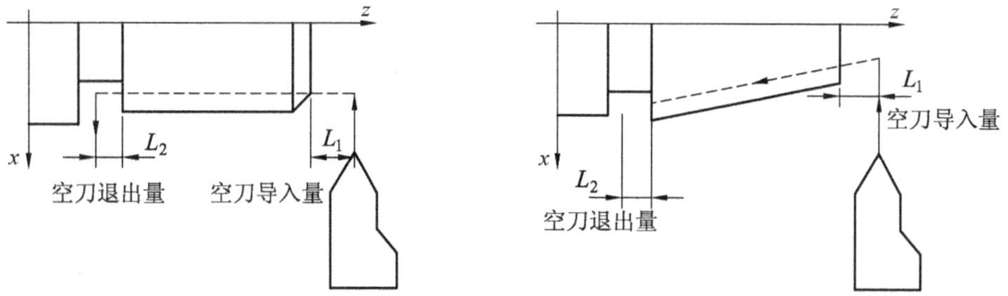

(a) 圆柱螺纹 (b) 圆锥螺纹

图 4-1-3 螺纹的导入和退出

4. 螺纹刀具的选择

通常螺纹刀具切削部分的材料分为硬质合金和高速刚两类。刀具类型有整体式、焊接式和机械夹固式三种。在数控车床上车削普通三角螺纹一般选用机夹可转位不重磨螺纹车刀，使用时要根据螺纹的螺距选择刀片的型号，每种规格的刀片只能加工一个固定的螺距。可转位螺纹刀如图 4-1-4 所示。

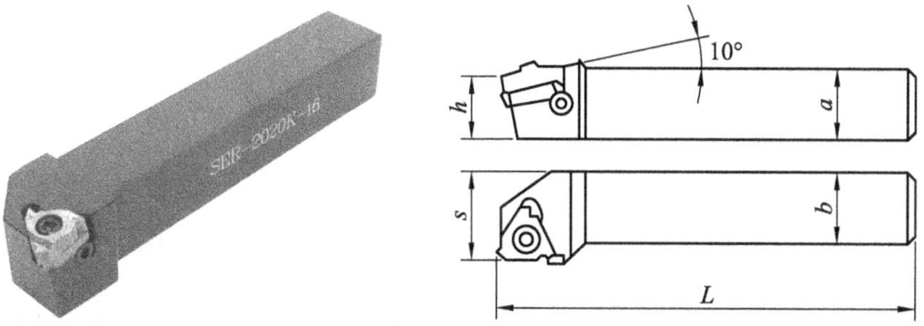

图 4-1-4 可转位螺纹刀

5. 螺纹的加工方法

螺纹加工方法分为三种，见表 4-1-3。

表 4-1-3 螺纹切削进刀方式

进刀方式	图示	特点及应用
直进法	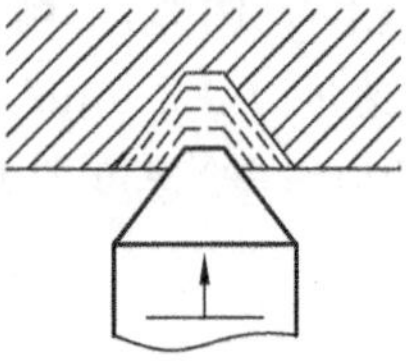	车削时，车刀沿横向间歇进给至牙深处，采用这种方法加工螺纹时车刀三面切削，切削余量大，刀尖磨损严重，排屑困难，容易产生扎刀现象。直进法适合于小导程的三角形螺纹的加工，一般采用 G32 或 G92 编程
斜进法	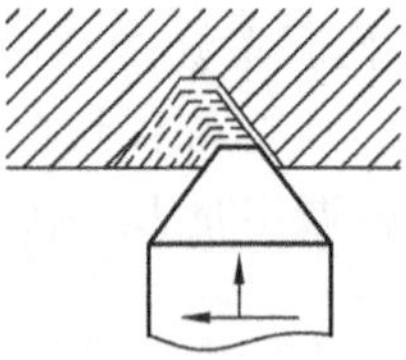	车削时，车刀沿牙型角方向斜向间歇进给至牙深处，每个行程中车刀除横向进给外，纵向也要做少量进给。采用这种方法加工螺纹时可避免车刀三面切削，切削力减小，不容易产生扎刀现象，一般采用 G76 编程
左右分层切削法	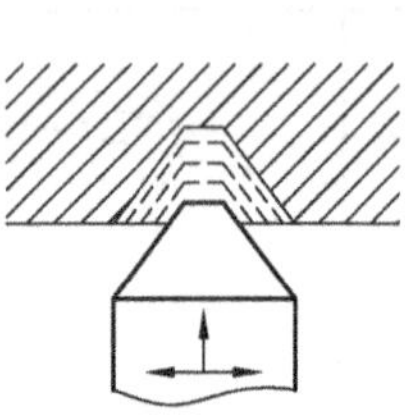	车削时，车刀沿牙型角方向交错间歇进给至牙深处，左右分层切削法实际上是直进法和左右切削法的综合应用。在车削较大螺距的螺纹时，左右分层切削法通常不是一次性就把牙槽切削出来，而是把牙槽分成若干层，转化成若干个较浅的牙槽来进行切削，从而降低车削难度。每一层的切削都采用先直进后左右的车削方法，由于左右切削时槽深不变，刀具只需向左或向右的纵向进给即可

6. 切削液

(1) 切削液的作用

① 冷却作用。切削液能吸收并带走切削区大量的热量，改善散热条件，降低刀具和工件的温度。

② 润滑作用。切削液能在切屑与刀具的微小间隙中形成一层很薄的吸附膜，减小摩擦因数，减小刀具、切屑和工件之间的摩擦。

③ 清洗作用。能清除黏附在工件和刀具上的细碎切屑，防止划伤工件已加工面，减小刀具磨损。

④ 防锈作用。在切削液中加入防锈剂后，能在金属表面形成保护膜，使机床、刀具和工件不受周围介质腐蚀。

(2) 切削液的种类

① 乳化液。乳化液是用乳化油稀释而成，主要起冷却作用。这类切削液比热容大、黏度小、流动性好、可吸收大量的热量。乳化液中常加入防锈添加剂，提高润滑和防锈性能。

② 切削油。切削油的主要成分是矿物油，少数采用动物油和植物油，主要起润滑作用。这类切削液比热容小、黏度大、流动性差。动物油和植物油的油润效果比矿物油好，但易变质，应尽量少用或不用。

(3) 切削液的选用

应根据加工性质、工件材料、刀具材料和工艺要求等具体情况合理选用切削液。

① 根据加工性质。粗加工时，选用以冷却为主的乳化液；精加工时，选用润滑性能好

的切削油和高浓度的乳化液。

② 根据工件材料。钢件粗加工一般用乳化液，精加工用极压切削油。切削铸铁、铜及铝等材料时，一般不用切削液，精加工时，可采用煤油或7%～10%乳化液。切削有色金属和铜合金时，不宜采用含硫的切削液；切削镁合金时，不用切削液。

③ 根据刀具材料。高速钢刀具粗加工时，用极压乳化液；精加工钢件时，用极压乳化液或极压切削油。硬质合金刀具一般不用切削液，在加工硬度高、强度好、导热性差的特种材料和细长工件时，可用冷却为主的切削液。

7．等距螺纹切削指令——G32

(1) 指令功能

刀具的运动轨迹是从起点到终点的一条直线，从起点到终点位移量（x 轴按半径值）较大的坐标轴称为长轴，另一个坐标轴称为短轴，运动过程中主轴每转一圈长轴移动一个导程，短轴与长轴作直线插补，刀具切削工件时，在工件表面形成一条等螺距的螺旋切槽，实现等螺距螺纹的加工。执行G32指令可以加工公制或英制等螺距的直螺纹、锥螺纹、端面螺纹和连续的多段螺纹。

(2) 指令格式

```
G32 X(U)_ Z(W)_ F _
```

(3) 指令说明

① 指令参数说明。

X(U)_，Z(W)_：螺纹切削终点绝对（增量）坐标值。

F_：螺纹的导程（单线螺纹时为螺距）。

② G32采用直进式切削方法，为模态G指令。

③ 螺纹的螺距是指主轴转一圈长轴的位移量（x 轴位移量则按半径值）；起点和终点的 x 坐标值相同（不输入 X 或 U）时，进行直螺纹切削；起点和终点的 z 坐标值相同（不输入 Z 或 W）时，进行端面螺纹切削；起点和终点 x，z 坐标值都不相同时，进行锥螺纹切削。

8．单一螺纹切削循环指令——G92

(1) 指令功能

从切削起点开始，进行径向（x 轴）进刀、轴向（z 轴或 x，z 轴同时）切削，实现等螺距的直螺纹、锥螺纹切削循环。

(2) 指令格式

```
G00/G01  X(U)_ Z(W)_;(循环起点)
G92  X(U)_ Z(W)_ F_;
```

(3) 指令说明

① 指令参数说明。

X(U)_，Z(W)_：螺纹切削终点绝对（增量）坐标值。

F_：螺纹的导程（单线螺纹时为螺距）。

② 执行G92指令时，动作路线如图4-1-5所示，在螺纹加工末端有螺纹退尾过程。

走刀循环过程：x 轴从起点快速移动到切削起点→从切削起点螺纹插补到切削终点→x 轴以快速移动速度退刀（与图中① 方向相反），返回到 x 轴绝对坐标与起点相同处→z 轴快速移动返回到起点，循环结束。

③ G92 为模态 G 指令，采用直进式切削。

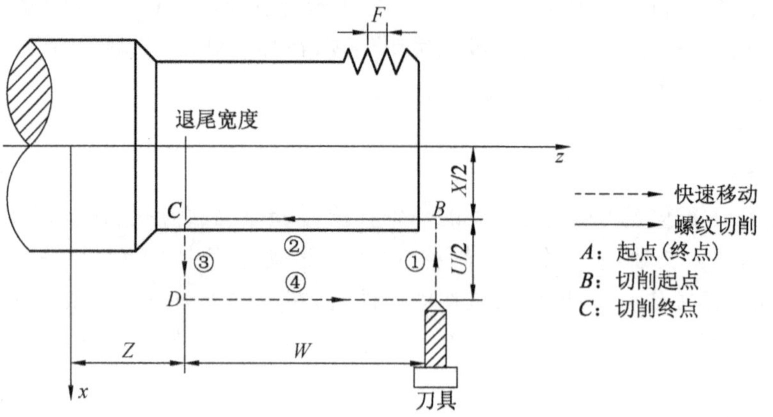

图 4-1-5 G92 指令走刀路径

9. 复合螺纹切削循环——G76

（1）指令功能

通过多次螺纹粗车、螺纹精车完成规定牙高（总切深）的螺纹加工，如果定义的螺纹角度不为 0°，螺纹粗车的切入点由螺纹牙顶逐步移至螺纹牙底，使得相邻两牙螺纹的夹角为规定的螺纹角度。G76 指令可加工带螺纹退尾的直螺纹和锥螺纹，可实现单侧刀刃螺纹切削，吃刀量逐渐减少，有利于保护刀具、提高螺纹精度。

（2）指令格式

G76 P(m)(r)(a) Q(Δd_{min}) R(d)；

G76 X(U)_ Z(W)_ R(i) P(k) Q(d) F_；

（3）指令说明

① 指令参数说明。

P(m)：螺纹精车次数 00～99（单位：次），m 指令值执行后保持有效。在螺纹精车时，每次的进给的切削量等于螺纹精车的切削量 d 除以精车次数 m。

P(r)：螺纹退尾长度 00～99（单位：0.1×L，L 为螺纹螺距），r 指令值执行后保持有效。

P(a)：相邻两牙螺纹的夹角，取值范围为 00～99，单位为度（°），a 指令值执行后保持有效。实际螺纹的角度由刀具角度决定，因此 a 应与刀具角度相同。

Q(Δd_{min})：螺纹粗车时的最小切削量，单位为 0.001 mm，无符号，半径值。

R(d)：螺纹精车的切削量，单位为 mm，无符号，半径值，半径值等于螺纹精车切入点 B_e 与最后一次螺纹粗车切入点 B_f 的 x 轴绝对坐标的差值。R(d)执行后，指令值 d 保持有效。

R(i)：螺纹锥度，螺纹起点与螺纹终点 x 轴绝对坐标的差值。

P(k)：螺纹牙高，螺纹总切削深度，单位为 0.001 mm，半径值，无符号。

Q(d)：第一次螺纹切削深度，单位为 0.001 mm，半径值，无符号。

X(U)_，Z(W)_：螺纹切削终点绝对（增量）坐标值。

F_：螺纹的导程（单线螺纹时为螺距）。

② G76 指令执行的加工路线如图 4-1-6 所示。

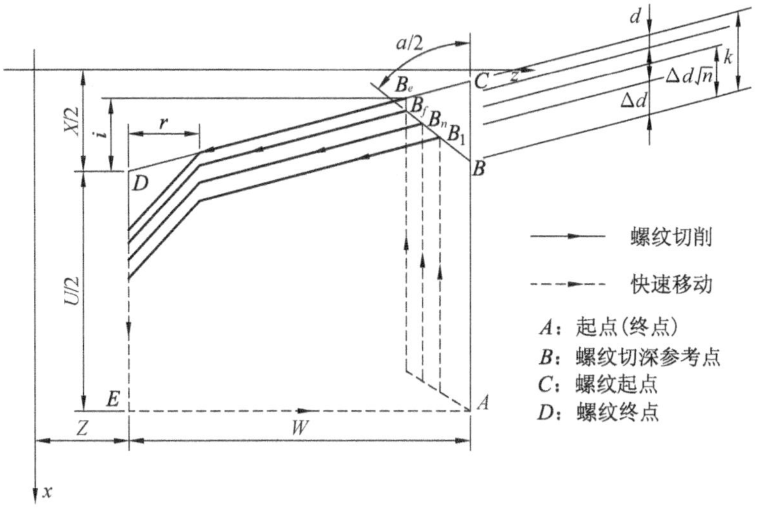

图 4-1-6 G76 螺纹循环加工路线

③ G76 的切削方式是斜进式，如图 4-1-7 所示，总的螺纹深度一般以递减的方式进行分配，螺纹刀单刃参与切削，刀具负载较小，易于排屑，因此，一般适用于大螺距螺纹的加工。

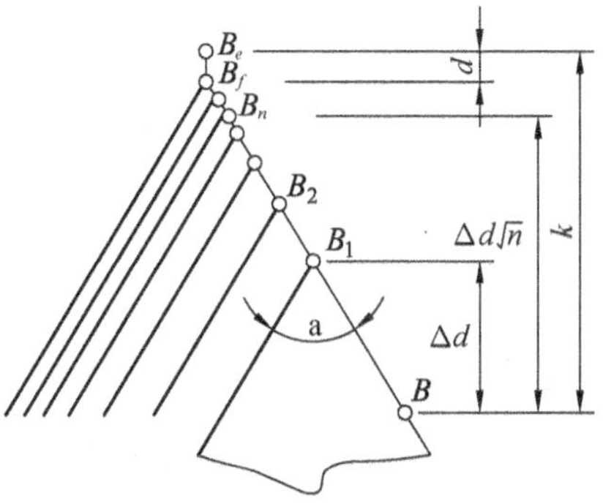

图 4-1-7 G76 切削的进刀法

示例：如图 4-1-8 所示。

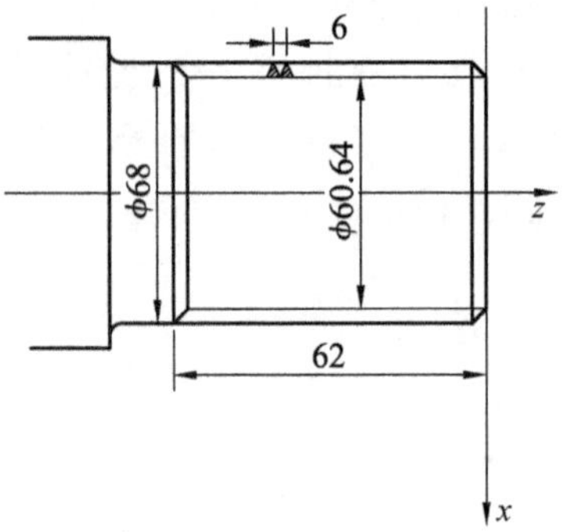

(a) 螺杆

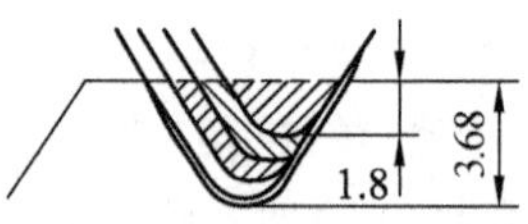

(b) 切削点放大图

图 4-1-8 G76 指令加工螺纹

部分参考程序：

```
O0010;
…
M03 S300;                          设置工件坐标系启动主轴，指定转速；
G00 X80 Z10;                       快速移动到加工起点；
G76 P020560 Q150 R0.1;             精加工重复次数 2，倒角宽度 0.5mm，刀具角
                                   度 60°，最小切入深度 0.15，精车余量 0.1；
G76 X60.64 Z-62 P3680 Q1800 F6;    螺纹牙高 3.68，第一螺纹切削深度 1.8；
G00 X100 Z50;                      退刀；
…
```

10. 螺纹测量和加工质量误差分析

对于一般标准螺纹，通常采用螺纹环规或塞规、螺纹千分尺来测量，如图 4-1-9 所示。在测量外螺纹时，如果螺纹通规正好旋进，而止规旋不进，则说明所加工的螺纹符合要求，反之就不合格。此外，还可用螺纹千分尺测量螺纹中径尺寸。螺纹加工误差分析见表 4-1-4。

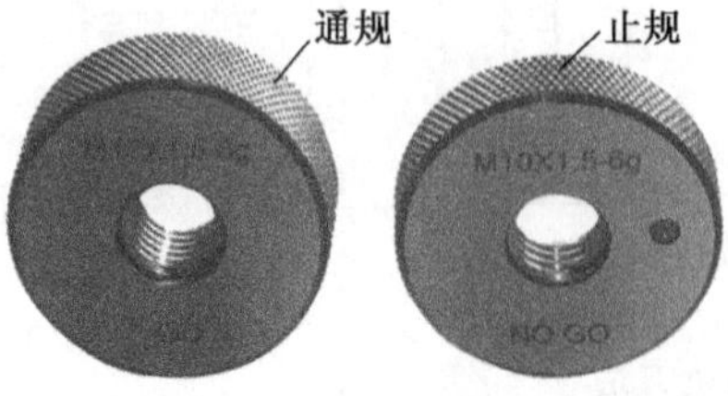

(a) 螺纹环规

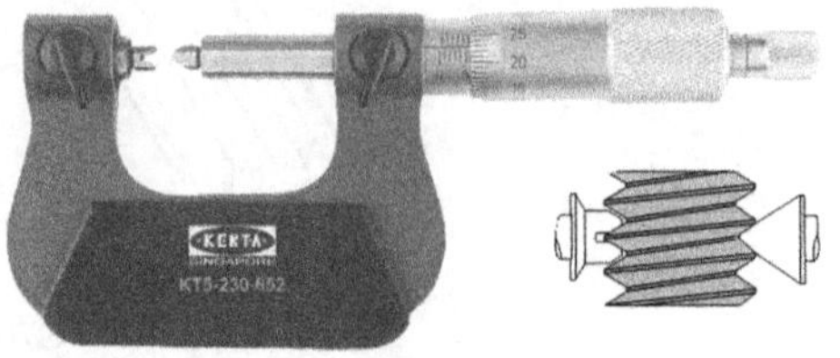

(b) 螺纹千分尺

图 4-1-9 螺纹测量常用量具

表 4-1-4 螺纹加工误差分析

误差现象	产生原因	预防和解决方法
切削过程出现振动	1. 工件装夹不正确 2. 刀具安装不正确 3. 切削参数不正确	1. 正确安装工件 2. 调整刀具安装位置 3. 提高或降低切削速度
螺纹牙顶呈刀口状	1. 刀具角度选择错误 2. 螺纹外径尺寸过大 3. 螺纹切削过深	1. 选择正确的刀具 2. 检查并调整合适的工件外径尺寸 3. 减小螺纹切削深度
螺纹牙型过平	1. 刀具中心错误 2. 螺纹切削深度不够 3. 刀具牙型角度过小 4. 螺纹外径尺寸过小	1. 刀具安装时调整刀具中心的高度 2. 计算并增加螺纹切削深度 3. 适当增大刀具牙型角 4. 检查并调整合适的工件外径尺寸
螺纹牙型底部过宽	1. 刀具选择错误 2. 刀具磨损严重 3. 螺纹有乱牙现象	1. 正确选用刀具 2. 重新刃磨或更换刀片 3. 检查程序是否有误 4. 检查主轴脉冲编码器是否损坏 5. 检查 z 轴丝杠是否有窜动
螺纹牙型半角不正确	刀具安装角度不正确	调整刀具安装角度
螺纹表面质量差	1. 切削速度过低 2. 刀具中心过高 3. 刀尖产生积屑瘤 4. 切削液选用不合理	1. 调高主轴转速 2. 调整刀具中心高度 3. 选择合理的进刀方式和切深 4. 选择合适的切削液并充分喷注
螺距误差	1. 伺服系统滞后效应 2. 加工程序不正确	1. 增加螺纹切削升、降速段距离 2. 检查并修改加工程序

任务实施

如图 4-1-10 所示连接螺栓。毛坯直径 ϕ34 mm，粗、精加工外圆表面、倒角、切槽、外螺纹和左端切断等加工。根据零件外形分析，此零件需要外圆刀、3 mm 切槽刀和外螺纹车刀。

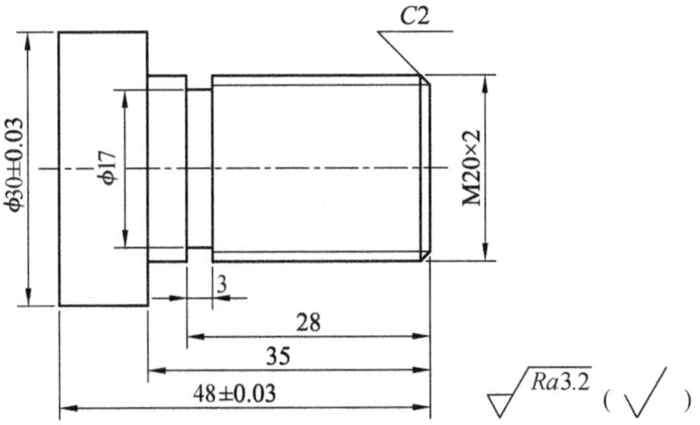

图 4-1-10 连接螺栓

1. 加工准备

根据车间现场情况，确保每位操作人员能独立操作一台 FANUC 0i Mate-TC 或广州数控系统 GSK980TD 机床完成零件加工。零件加工的准备事项见表 4-1-5。

表 4-1-5 零件加工的准备事项

准备事项	准备内容
设备	数控车床
刀具	93°外圆车刀、切槽刀(刀宽 3 mm)、60°螺纹刀
材料	ϕ35 mm、45 钢(长度足够装夹)
量具	钢尺、游标卡尺、外径千分尺、螺纹环规 M20×2
其他	垫刀片、对刀板、常用工具等

2. 确定数控车削加工工艺

(1) 制订加工方案

结合本任务工件尺寸考虑采用自定心三爪卡盘装夹工件，可一次装夹完成所有加工。装夹时，工件伸出卡盘长度约 65 mm。

(2) 选择刀具及切削用量

加工材料为 45 钢，刀具可选用一把 93°硬质合金外圆粗车刀，装在 01 号刀位，一把切槽刀(刀宽 3 mm)，装在 02 号刀位，一把 60°外螺纹刀，装在 03 号刀位。切削用量可见表 4-1-6。

(3) 填写加工工艺卡

工件加工工艺卡见表 4-1-6。

表 4-1-6 数控加工工序卡

(工厂)	数控加工工序卡片	产品名称或代号		零件名称		材料		零件图号
						45		
工序号	程序编号	夹具编号		使用设备		车间		
工步号	工步内容	加工面	刀具号	刀具规格/mm	主轴转速/(r/min)	进给量/(mm/min)	背吃刀量/mm	备注
1	粗车外圆		T01		600	120	1.5～2	
2	精车外圆		T01		1000	80	0.5	
3	切槽		T02	3	400	60		
4	切螺纹		T03		450			
5	切断		T02		400	60		
编制		审核		批准			共 页	第 页

3. 编制加工程序

工件的编程原点取工件右端面的中心处，参考程序见表 4-1-7。

表 4-1-7 零件加工参考程序

程序	注释
O0010；	程序名
N010 M03 S600；	主轴正转，600 r/min
N020 T0101；	换 1 号刀，执行 1 号刀补
N030 G00 X40. Z0.；	快速接近工件
N040 G01 X0 F120；	车端面
N050 X38. Z2. F200；	G90 循环起刀点
N060 G90 X30.5 Z−50. F120；	粗车循环 1
N070 X25. Z−35.；	粗车循环 2
N080 X22.；	粗车循环 3
N090 S1000	设定精车外圆转速
N100 G00 X16. Z0；	精车外圆
N110 G01 X19.8 Z−2. F80；	倒角 *C*2
N120 Z−28.；	
N130 X20.；	
N140 Z−35.；	
N150 X30.；	
N160 Z−50.；	
N170 G00 X100. Z100.；	回换刀点
N180 T0202；	换 2 号刀，执行 2 号刀补
N190 M03 S400；	设定切槽转速为 400 r/min
N200 G00 X23. Z−35.；	切槽起刀点
N170 G01 X17. F60；	切槽
N180 X23.；	退刀
N190 G00 X100. Z100.；	回换刀点
N200 T0303；	换 3 号刀，执行 3 号刀补
N210 M03 S450；	设定螺纹加工转速为 450 r/min
N220 G00 X22. Z4.；	螺纹循环起点
N230 G92 X19.1 Z−26. F2.；	螺纹切削循环 1
N240 X18.5；	螺纹切削循环 2

续表

程序	注释
N250　　X17.9；	螺纹切削循环 3
N260　　X17.5；	螺纹切削循环 4
N270　　X17.4；	螺纹切削循环 5
N280 G00 X100. Z100.；	回换刀点
N290 T0202；	换 2 号刀，执行 2 号刀补
N300 S400；	
N310 G00　　X35. Z－48.；	
N320 G01　　X27. F60；	
N330　　X35.；	
N340　　X30. Z－47.；	
N350　　X28. Z－48.；	倒角
N360　　X0；	切断
N370 G00 X100.；	回换刀点
N380　　Z100.；	
N390 M05；	主轴停转
N400 M30；	程序结束

注：该程序可用于 FANUC 和 GSK980TD 数控车床系统。

4. 工件自动加工

操作数控车床，完成零件加工。在加工过程中注意以下几点：

(1) 螺纹刀安装

安装螺纹刀时，车刀的刀尖角等于螺纹牙型角 $\alpha=60^\circ$，其前角 $\gamma=0^\circ$才能保证工件螺纹的牙型角，否则牙型角将产生误差。安装螺纹刀时，刀尖对准工件中心，并用对刀样板对刀，以保证刀尖的角平分线与工件的轴线相垂直，车出的牙型角才不会偏斜。刀杆伸出不要过长，一般为 20～25 mm(约为刀杆厚度的 1.5 倍)，否则刀具刚性降低。

(2) 对刀操作

本任务中用到了三把刀，需要一次完成三把刀对刀，其中外圆刀和切槽的对刀方法可参考前面的项目。螺纹刀的对刀的步骤如下：

① x 轴对刀

手轮方式下，使主轴正转，移动螺纹刀，使刀尖轻轻碰至工件外圆面(外圆刀对刀时已切削的外圆表面)，如图 4-1-11a 所示。注意：刀具接近工件时，调低手轮进倍率至 0.01 或 0.001，然后刀具沿 z 轴正方向退出，停主轴，测量螺纹刀碰触的外圆直径，然后进行面板操作，将测量值输入到 03 刀补地址中。

② z 轴对刀

手轮方式移动刀具，使外螺纹刀刀尖与工件端面对齐，采用目测方式或借助于钢直尺对齐，如图 4-1-11b 所示。注意：刀具接近工件时，调低手轮倍率为 0.01，然后进行面板操作，将值输入到 03 刀补地址中。

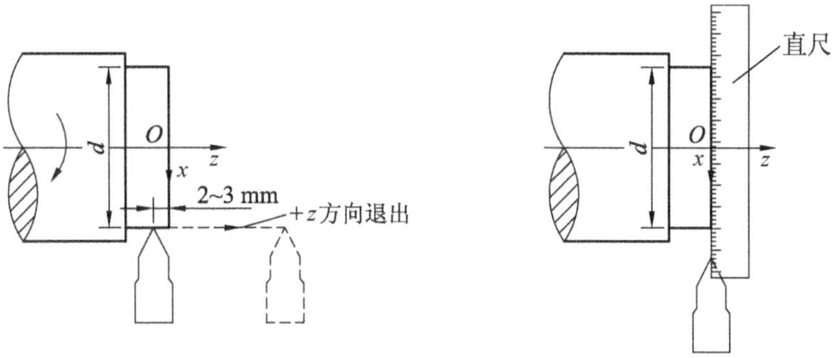

(a) 螺纹刀 x 轴对刀示意图　　(b) 螺纹刀 z 轴对刀示意图

图 4-1-11 螺纹刀对刀

(3) 零件自动加工及尺寸控制

当加工前的各项准备工作完成后，程序检查无误，调好主轴、进给倍率后，选择 AUTO 自动加工，打开单段方式，按启动按钮进行自动加工。加工过程中注意检测尺寸，利用刀具补偿进行尺寸修调。

5. 螺纹测量和加工质量分析

螺纹加工完成后可通过观察螺纹牙型判断螺纹质量及时采取措施，当螺纹牙顶未尖时，增加刀的切入量反而会使螺纹大径增大，增大量随材料塑性而定，当牙顶已被削尖时，增加刀的切入量则大径成比例减小，根据这一特点要正确把握螺纹的切入量，防止报废。螺纹尺寸可用螺纹环规进行测量，用螺纹千分尺可准确测得螺纹中径值。结合表 4-1-4 分析工件螺纹的尺寸误差情况和产生原因，提出解决方案。

6. 加工结束，清理机床

按照生产现场 6S 管理规范，在加工结束后，整理工量具，清除机床切屑，做好机床的日常保养和实习车间的卫生。

任务二 双头螺纹轴编程与加工

任务描述

双头螺纹轴如图 4-2-1 所示。毛坯尺寸为ϕ48 mm×125 mm，材料为 45 钢。要求完成零件的数控加工工艺设计，编写零件的数控加工程序，完成零件的数控车削加工。

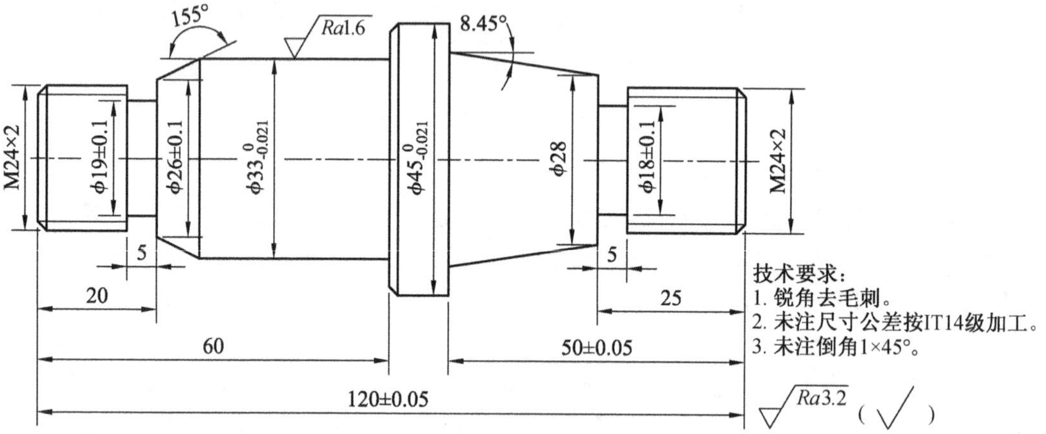

图 4-2-1 双头螺纹轴

任务分析

该双头螺纹轴零件属于中等复杂的零件，需要进行外形整体加工，工件左右两端轮廓不能同时加工完成，需要调头装夹分两次加工。该任务着重训练该类零件数控编程及加工的综合能力，学习并掌握调头件的数控加工工艺设计，编写加工程序，准确测量加工后的零件尺寸，分析误差，能应用刀具补偿功能修调尺寸直至达到图纸要求。

◎**知识点：**

◇ 制定中等复杂外形零件的数控加工工艺。

◎**技能点：**

◇ 加工过程中调头操作方法；

◇ 完成零件加工，修调尺寸。

理论与工艺知识

对于外形较复杂的工件，往往需要分成左、右两端分别加工。对于工件的每一端而言，其数控加工工序安排和编程方法与简单零件相似。可结合前面项目中训练的知识与技能点，综合分析，合理安排工艺，分别编写左、右两端的加工程序。

任务实施

1. 加工准备

根据车间现场情况，确保每位操作人员能独立操作一台 FANUC 0i Mate-TC 或广州数控系统 GSK980TD 机床完成零件加工。零件加工的准备事项见表 4-2-1。

表 4-2-1 零件加工的准备事项

准备事项	准备内容
设备	数控车床
刀具	93°外圆车刀、切槽刀(刀宽 4 mm)、60°螺纹刀
材料	ϕ48×125 圆钢
量具	钢尺、游标卡尺、外径千分尺、螺纹环规
其他	垫刀片、铜皮、对刀板、常用工具等

2. 确定数控车削加工工艺

(1) 制订加工方案

结合本任务工件尺寸考虑采用自定心三爪卡盘装夹工件，分两次装夹工件。综合分析工件外形，先加工左端的ϕ45、ϕ33 外圆、ϕ26 锥面、ϕ19×5 退刀槽和 M24×2 螺纹，然后调头，卡盘夹持ϕ33 外圆段，以ϕ45 左端轴台阶靠平卡盘端面定位，再加工右端的ϕ28 锥面、ϕ19×5 退刀槽和 M24×2 螺纹。

(2) 选择刀具及切削用量

加工材料为 45 钢，刀具可选用一把 93°硬质合金外圆粗车刀，装在 01 号刀位，一把切槽刀(刀宽 4 mm)，装在 02 号刀位，一把 60°外螺纹刀，装在 03 号刀位。切削用量可见表 4-2-2。

(3) 填写加工工艺卡

工件加工工艺卡见表 4-2-2。

表 4-2-2 数控加工工序卡

<table>
<tr><td rowspan="2">(工厂)</td><td rowspan="2">数控加工工序卡片</td><td colspan="2">产品名称或代号</td><td colspan="2">零件名称</td><td colspan="2">材料</td><td colspan="2">零件图号</td></tr>
<tr><td colspan="2"></td><td colspan="2"></td><td colspan="2">45</td><td colspan="2"></td></tr>
<tr><td>工序号</td><td>程序编号</td><td colspan="2">夹具编号</td><td colspan="2">使用设备</td><td colspan="4">车间</td></tr>
<tr><td></td><td></td><td colspan="2"></td><td colspan="2"></td><td colspan="4"></td></tr>
<tr><td>工步号</td><td>工步内容</td><td>加工面</td><td>刀具号</td><td>刀具规格/mm</td><td>主轴转速/(r/min)</td><td>进给量/(mm/min)</td><td>背吃刀量/mm</td><td colspan="2">备注</td></tr>
<tr><td>1</td><td>粗车外圆</td><td></td><td>T01</td><td></td><td>800</td><td>0.2</td><td>1.5～2</td><td colspan="2"></td></tr>
<tr><td>2</td><td>精车外圆</td><td></td><td>T01</td><td></td><td>1000</td><td>0.1</td><td>0.5</td><td colspan="2"></td></tr>
<tr><td>3</td><td>切槽</td><td></td><td>T02</td><td>4</td><td>400</td><td>0.05</td><td></td><td colspan="2"></td></tr>
<tr><td>4</td><td>切螺纹</td><td></td><td>T03</td><td></td><td>400</td><td></td><td></td><td colspan="2"></td></tr>
<tr><td>5</td><td>调头夹持</td><td></td><td></td><td></td><td></td><td></td><td></td><td colspan="2"></td></tr>
<tr><td>6</td><td>粗车外圆</td><td></td><td>T01</td><td></td><td>800</td><td>0.2</td><td>1.5～2</td><td colspan="2"></td></tr>
<tr><td>7</td><td>精车外圆</td><td></td><td>T01</td><td></td><td>1000</td><td>0.1</td><td>0.5</td><td colspan="2"></td></tr>
<tr><td>8</td><td>切槽</td><td></td><td>T02</td><td>4</td><td>400</td><td>0.05</td><td></td><td colspan="2"></td></tr>
<tr><td>9</td><td>切螺纹</td><td></td><td>T03</td><td></td><td>400</td><td></td><td></td><td colspan="2"></td></tr>
<tr><td>编制</td><td></td><td>审核</td><td></td><td>批准</td><td></td><td>共　页</td><td>第　页</td><td colspan="2"></td></tr>
</table>

3. 编制加工程序

零件加工参考程序见表 4-2-3。

表 4-2-3 零件加工参考程序(左端)

程序	注释
O0210;	程序名,左端程序
N010 M03 S800 G99 G40;	主轴正转,800 r/min
N020 T0101;	换 1 号刀,执行 1 号刀补
N030 G00 X48. Z5.;	快速接近工件
N040 G71 U1 R1 F0.2;	粗车外轮廓循环
N050 G71 P60 Q150 U0.5 W0.;	
N060 G00 X20.;	
N070 G01 Z0 F0.1;	
N080 X23.8 Z−2.5;	
N090 Z−20.;	
N100 X26.;	

续表

程序	注释
N110　　X33. Z－27.5；	
N120　　Z－60.；	
N130　　X43.；	
N140　　X45. Z－61.；	
N150　　Z－71.；	
N160 S1000；	精车转速为 1000 r/min
N170 G70 P60 Q150；	精车循环
N180 G00 X100. Z100.；	回换刀点
N190 T0202；	换 2 号切槽刀，执行 2 号刀补
N200 M03 S400；	切槽转速为 400 r/min
N170 G00 X28. Z－20.；	
N180 G01 X19. F0.05；	
N190　　X27. F0.5；	
N200　　Z－19.；	
N210　　X19 F0.05；	
N220　　X27 F0.5；	
N230 G00 X100. Z100.；	回换刀点
N240 T0303；	换 3 号刀，执行 3 号刀补
N250 M03 S400；	设定螺纹加工转速为 400 r/min
N260 G00 X26. Z4.；	螺纹循环起点
N270 G92 X23.2 Z－17. F2；	螺纹切削循环
N280　　X22.7；	
N290　　X22.3；	
N300　　X22.；	
N310　　X21.8；	
N320　　X21.6；	
N330　　X21.4；	
N340　　X21.4；	
N350 G00 X100. Z100.；	回换刀点
N360 M05；	主轴停转
N370 M30；	程序结束

表 4-2-4 零件加工参考程序(右端)

程序	注释
O0212;	程序名,右端程序
N010 M03 S800 G99 G40;	主轴正转,800 r/min
N020 T0101;	换 1 号刀,执行 1 号刀补
N030 G00 X48. Z5.;	快速接近工件
N040 G71 U1 R1 F0.2;	粗车外轮廓循环
N050 G71 P60 Q130 U0.5 W0.;	
N060 G00 X20.;	
N070 G01 Z0 F0.1;	
N080 X23.8 Z−2.;	
N090 Z−25.;	
N100 X28.;	
N110 X35.428 Z−50.;	
N120 X44.;	
N130 X45. Z−51.5;	
N140 S1000;	精车转速为 1000 r/min
N150 G70 P60 Q130;	精车循环
N160 G00 X100. Z100.;	
N170 T0202;	换 2 号切槽刀,执行 2 号刀补
N180 M03 S400;	
N190 G00 X29. Z−25.;	
N200 G01 X18. F0.05;	
N170 X26. F0.5;	
N180 Z−24.;	
N190 X18. F0.05;	
N200 X26. F0.5;	
N210 G00 X100. Z100.;	回换刀点
N220 T0303;	换 3 号刀,执行 3 号刀补
N230 M03 S400;	设定螺纹加工转速为 400 r/min
N240 G00 X26. Z4.;	螺纹循环起点

续表

程序	注释
N250 G92 X23.2 Z-22. F2;	螺纹切削循环
N260 X22.7;	
N270 X22.3;	
N280 X22.;	
N290 X21.8;	
N300 X21.6;	
N310 X21.4;	
N320 X21.4;	
N330 G00 X100. Z100.;	回换刀点
N340 M05;	主轴停转
N350 M30;	程序结束

注:该程序可用于 FANUC 和 GSK980TD 数控车床系统。

4. 工件自动加工

操作数控车床,完成零件加工。在加工过程中注意以下几点:

① 加工工件左端时,工件伸出端长约 85 mm;

② 安装好所用刀具,依次进行对刀,完成面板操作存储数据;

③ MDI 调出左端工件程序,仔细检查后将光标调到程序开始行;

④ 单段方式,自动加工;

⑤ 检测尺寸,利用刀具补偿方法修调尺寸,直至符合公差要求;

⑥ 调头,测量工件总长,包铜皮,装夹,以 ϕ33 右端台阶面贴紧卡盘外圆定位;

⑦ 手动平端面、定总长;

⑧ 依次对刀,由于 x 轴向原点在机床轴线上,无论工件大小都不会改变,因此 x 向不必再次对刀,只需完成 z 向对刀;

⑨ MDI 调出右端工件程序,仔细检查后将光标调到程序开始行;

⑩ 单段方式,自动加工;

⑪ 检测尺寸,利用刀具补偿方法修调尺寸,直至符合公差要求。

5. 零件测量和加工质量分析

对照零件图,完成所有尺寸检测,分析结果。

6. 加工结束,清理机床

按照生产现场 6S 管理规范,在加工结束后,整理工量具,清除机床切屑,做好机床的日常保养和实习车间的卫生。

任务三 过渡套编程与加工

任务描述

过渡套零件如图 4-3-1 所示。毛坯尺寸为ϕ50 mm×75 mm，材料为 45 钢。该任务零件属于套类零件，是生产设备中常见的典型零件，主要与轴类、箱体类零件配合，一般由内孔、内螺纹、外圆和沟槽等组成。要求完成零件的数控加工工艺设计，编写零件的数控加工程序，完成零件的数控车削加工。

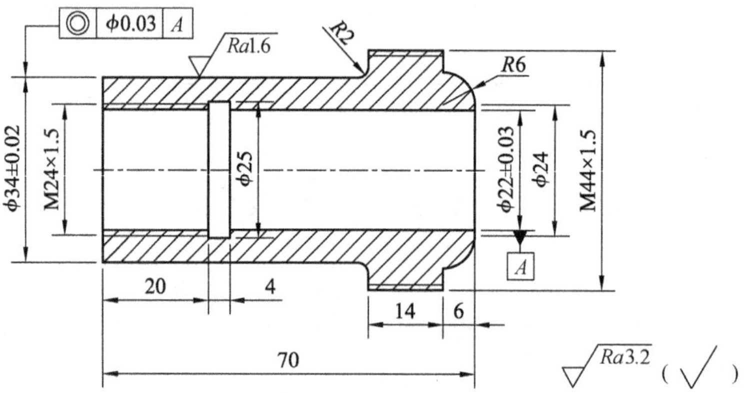

图 4-3-1 过渡套

任务分析

该任务需要根据工件结构合理进行工艺安排，学习套类零件的加工方案设计，选择适合的切削用量，完成工艺文件；在数控编程中，需要学习内孔加工、内沟槽加工、内螺纹切削数控编程的方法，掌握相应的编程指令；在零件切削加工的过程中，学习内孔刀、内沟槽刀和内螺纹刀安装与对刀方法；能准确测量加工后的零件尺寸，分析误差，能应用刀具补偿功能修调尺寸直至达到图纸要求。

◎**知识点：**

◇ 孔加工的常用方法；

◇ 内孔切削的编程指令；

◇ 内螺纹加工工艺设计。

◎**技能点：**

◇ 内孔刀、内沟槽刀和内螺纹刀安装与对刀；

◇ 内孔、内沟槽加工的切削用量选用；

◇ 内螺纹加工的切削用量选用；

◇ 内孔检测方法与误差分析。

理论与工艺知识

1. 孔的加工方法

(1) 钻孔

钻孔是在实体材料上加工孔的方法，属于粗加工，其加工后的尺寸精度一般可达IT12～IT11，表面粗糙度可达 $Ra12.5 \sim 25\ \mu m$。

① 钻孔刀具和切削用量选择

对于精度要求不高的孔，可以直接用麻花钻钻出；对于精度要求高的孔，钻孔后还要经过车削或扩孔、铰孔才能完成。选用麻花钻长度时，一般应使麻花钻螺旋槽部分略长于孔深。用麻花钻钻钢料时，切削速度一般选用 15～30 m/min；钻铸铁材料时，切削速度选 75～90 m/min。

麻花钻可分为直柄麻花钻（直径一般在 13 mm 以下）和锥柄麻花钻。麻花钻的结构如图 4-3-2 所示。

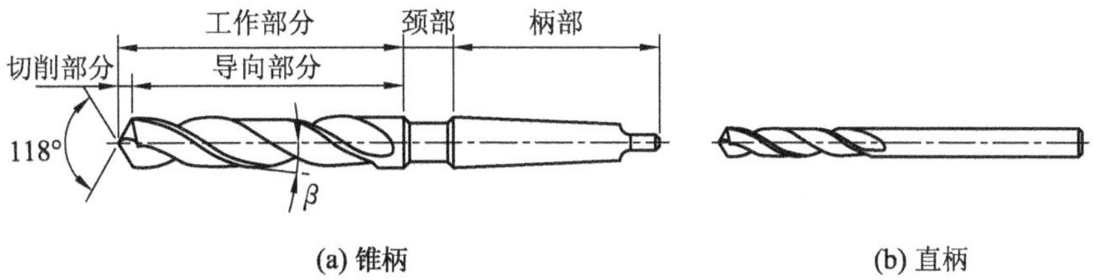

图 4-3-2　麻花钻的结构

② 麻花钻的安装

一般情况下，直柄麻花钻用钻夹头装夹，再将钻夹头的锥柄插入尾座锥孔内，如图 4-3-3 所示；锥柄麻花钻安装较简单，可以直接插入或用莫式过渡锥套插入尾座锥孔中，或者用专用的工具安装。

如图 4-3-3a 所示，直柄麻花钻在钻夹头上安装时，先用钻夹头钥匙逆时针方向旋转钻夹头的外套，使钻夹头的三个卡爪张开；然后，如图 4-3-3b 所示，将钻头插入三个卡爪中间，用钻夹头钥匙顺时针方向转动钻夹头外套，通过三个卡爪将钻夹头夹紧；最后，将钻夹头安装在尾座锥孔中，先擦净钻夹头柄部和尾座锥孔，然后用左手握住钻夹头，沿尾座套筒轴线方向将钻夹头锥柄部用力插入尾座套筒锥孔中。如钻夹头柄部与车床尾座锥孔大小不吻合，可再增加一合适过渡锥套后再插入尾座套筒的锥孔内，如图 4-3-3c 所示。

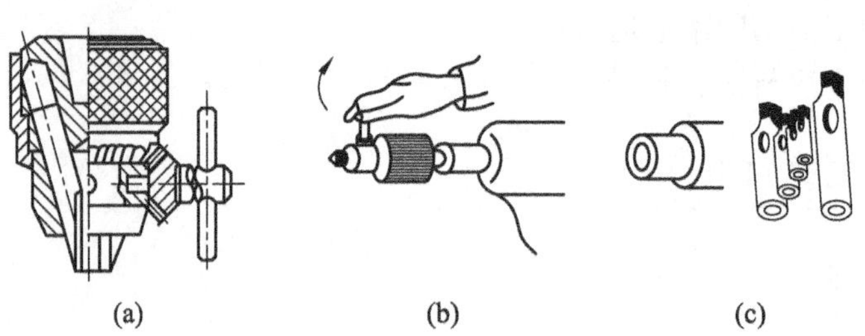

图 4-3-3　直柄麻花钻的安装

③ 钻孔的步骤

钻孔包括钻通孔和钻盲孔两种，二者钻孔方法相似，钻盲孔时需要控制孔的深度。钻孔主要步骤如下：

步骤一：钻孔前将工件平面车平，中心处不允许留有凸台，以便于钻头定心。

步骤二：找正尾座，使钻头中心对准工件旋转中心，否则可能会钻大、钻偏孔径，甚至折断钻头。

步骤三：用细长麻花钻钻孔时，为防止钻头晃动，应先在端面钻出中心孔，然后用直径小于 5 mm 的麻花钻钻孔，可保证钻出的孔满足同轴度要求。

常用的中心钻有 A 型和 B 型，如图 4-3-4 和图 4-3-5 所示。

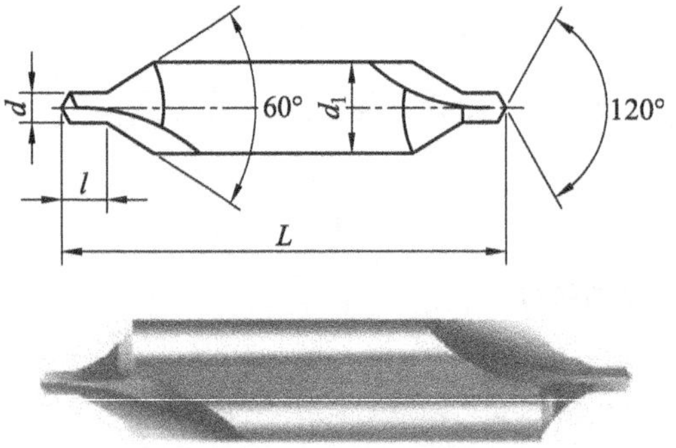

图 4-3-4　A 型中心钻

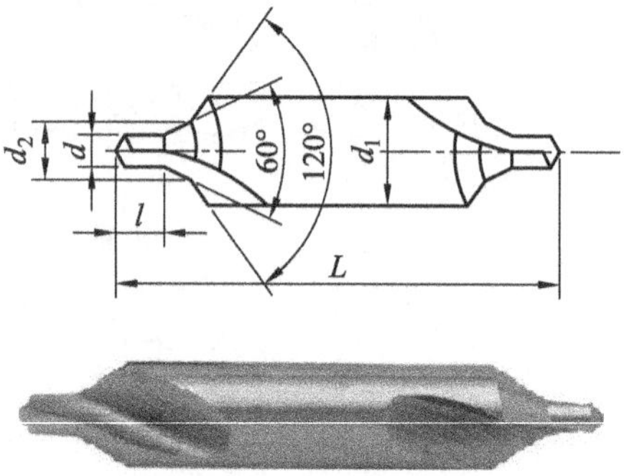

图 4-3-5　B 型中心钻

步骤四：在实体材料上钻孔，小径孔可以一次钻出，若孔径超过 30 mm，则应分两次钻孔，先用小钻头钻出底孔，再用大钻头钻出所要求的尺寸。

一般情况下，小钻头直径为第二次钻孔直径的 0.5～0.7 倍。

步骤五：钻孔后要铰孔的工件余量较小，因此，应在钻头钻进 1～2 mm 后将钻头退出，停车检查孔径，以防因孔扩大而报废。

(2) 铰孔

铰孔是用铰刀对未淬硬的孔进行精加工的一种加工方法，其加工后的尺寸精度一般可达 IT9～IT7，表面粗糙度可达 $Ra0.4\ \mu m$。铰孔的质量好、效率高，操作简单，在批量生产中已得到广泛应用。

铰刀按用途分为机用铰刀和手用铰刀，如图 4-3-6 和图 4-3-7 所示。机用铰刀的柄分为直柄和锥柄两种。

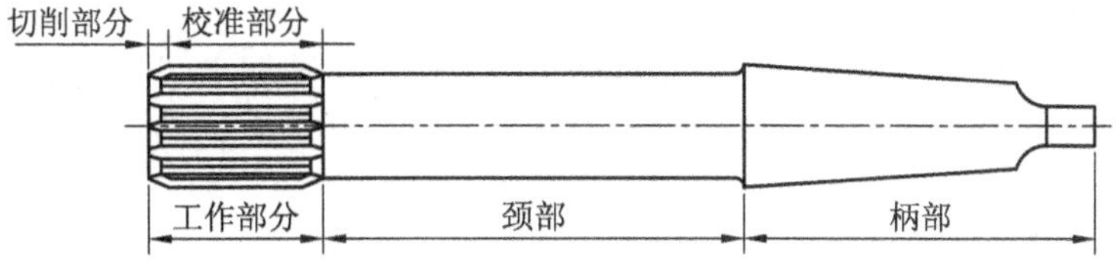

图 4-3-6 机用铰刀

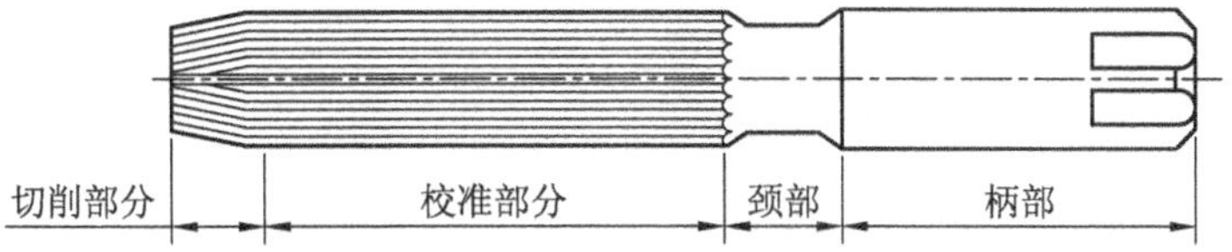

图 4-3-7 手用铰刀

在车床上铰孔时，一般将机用铰刀的锥柄插入尾座套筒的锥孔中，并调整尾座套筒轴线与主轴轴线相重合，同轴度公差应小于 0.02 mm。铰孔前一般先经过钻孔、扩孔或车孔等半精加工，并留有适当的铰削余量，余量的大小影响铰孔的质量。铰孔余量一般为 0.08～0.2 mm。使用高速钢铰刀时，铰削余量取小值；使用硬质合金铰刀时，铰削余量取大值。

(3) 车孔

车孔是套类零件常用的孔加工方法之一，可用做粗加工，也可用做精加工。车孔精度等级一般可达 IT8～IT7，表面粗糙度可达 $Ra1.6$～3.2 μm。

内孔车刀可分为通孔车刀和盲孔车刀两种，在数控加工中常采用机夹可转位内孔车刀，如图 4-3-8 所示。为了减小径向切削力，防止振动，通孔车刀的主偏角一般取 60°～75°，副偏角取 15°～30°；盲孔车刀用来车盲孔或台阶孔，它的主偏角取 90°～93°，刀尖在刀杆的最前端，刀尖与刀杆外端的距离 α 应小于内孔半径 R，否则孔的底平面就无法车平。

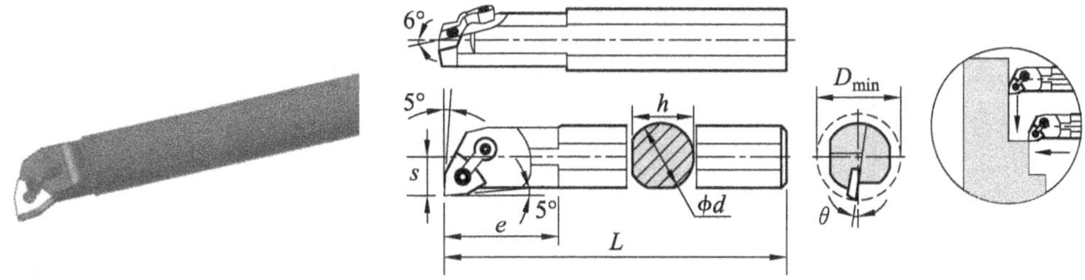

型号	基本尺寸/mm									使用的刀片	刀垫	销钉	压板	双头螺钉	扳手
	库存		D_{min}	ϕd	h	L	s	$\theta°$	e						
	R	L													
S20Q-MWLNR/L08			25	20	18	250	13	17°	31	WN 0804	X	MSP613	MCL1810	WS061020	S2.5,S3
S25R-MWLNR/L08			32	25	23	200	17	15°	35				MCL1814	WS061025	
S32S-MWLNR/L08			41	32	30	250	22	12°	40		MW 0804	MSP617			S3
S40T-MWLNR/L08			50	40	37	300	27	15°	50						

图 4-3-8 内孔车刀及参数

2. 孔的尺寸测量

孔径尺寸精度要求较低时，可采用钢直尺、内卡钳或游标卡尺测量；精度要求较高时，可采用内径千分尺或内径量表测量；标准孔还可以采用塞规测量。

(1) 游标卡尺

游标卡尺测量孔径尺寸的方法如图 4-3-9 所示，测量时应注意尺身与工件端面平行，内测量爪沿圆周方向摆动，找到最大位置。

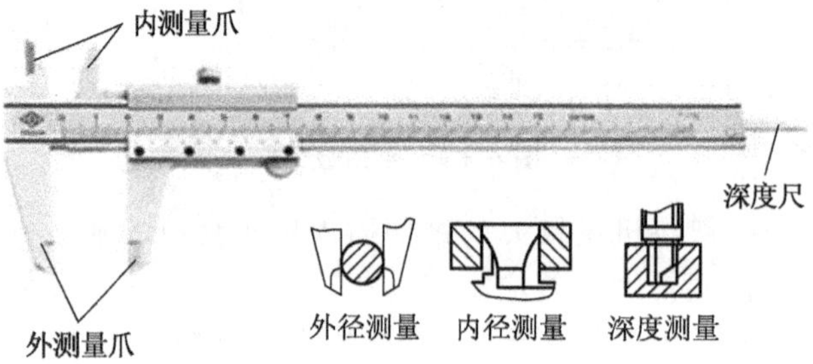

图 4-3-9 游标卡尺测量内孔

(2) 内径千分尺

内径千分尺的使用方法如图 4-3-10 所示。这种千分尺刻度线方向和外径千分尺的相反，当微分筒顺时针旋转时，活动爪向右移动，测量值增大。

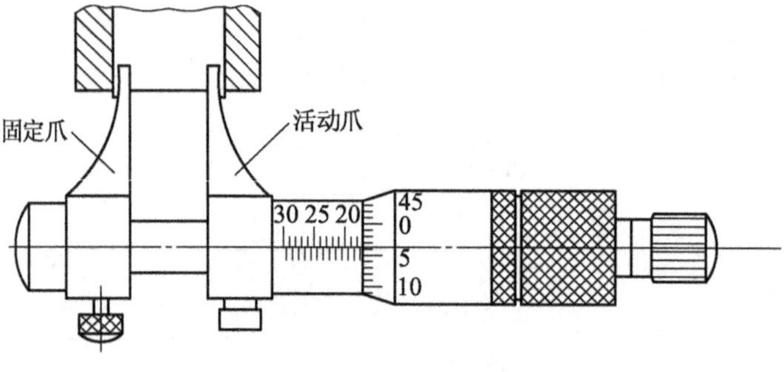

图 4-3-10 内径千分尺测量内孔

(3) 内径百分表

内径百分表是将百分表装夹在测架上构成。测量前先根据被测工件孔径大小更换固定测量头，用千分尺将内径百分表对准“零”位。测量方法如图 4-3-11 所示，摆动百分表取最小值为孔的实际尺寸。

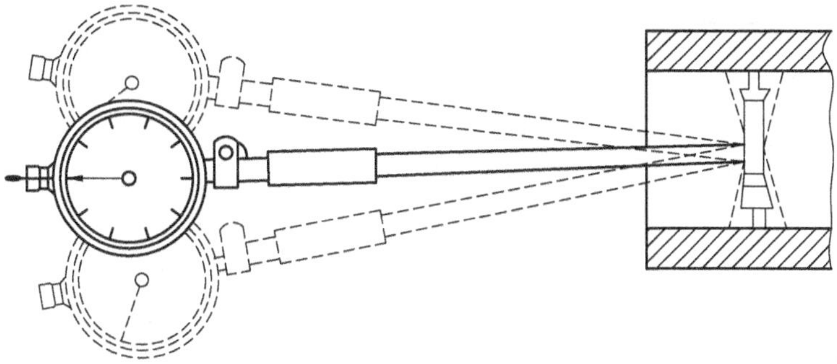

图 4-3-11 内径百分表测量内孔

(4) 塞规

如图 4-3-12 所示，塞规由通端和止端组成，通端按孔的最小极限尺寸制成，测量时应塞入孔内，止端按孔的最大极限尺寸制成，测量时不允许插入孔内。当通端能塞入孔内，同时止端不能塞入时，该孔尺寸合格。

用塞规测量孔径时，应保持孔壁清洁，塞规不能倾斜，以防造成孔小的错觉，把孔径车大。在孔径小的时候，不能用塞规硬塞，更不能用力敲击。从孔内取出塞规时，要防止与内孔刀碰撞，孔径温度较高时，不能用塞规立即测量，以防工件冷缩把塞规"咬住"。

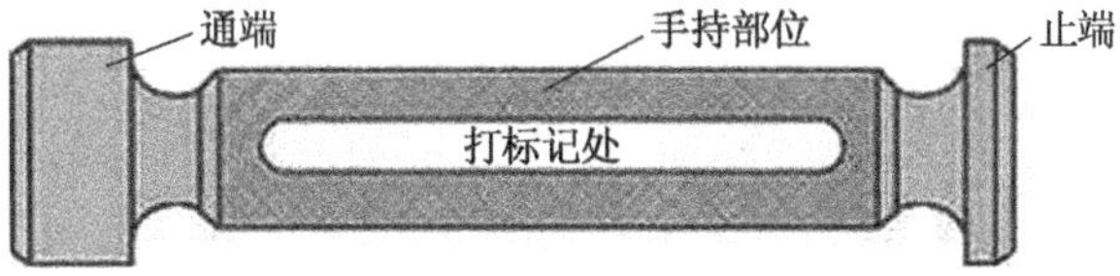

图 4-3-12 塞规

3. 孔加工的质量分析

数控车床上进行孔加工时经常遇到的加工误差有多种，其问题现象、产生的原因、预防和消除的措施见表 4-3-1。

表 4-3-1 孔加工误差分析

误差现象	产生原因	预防和解决方法
孔径尺寸偏差大	1. 测量不正确 2. 程序不正确 3. 车刀装夹不对，刀柄与孔壁相碰 4. 产生积屑瘤 5. 工件的热胀冷缩	1. 重新仔细测量 2. 检查、修改加工程序 3. 合理选用刀柄直径 4. 使用切削液，选择合理的切削速度 5. 工件冷却后再精车
孔有锥度	1. 刀具磨损 2. 程序不正确 3. 刀柄刚度差，产生"让刀"现象 4. 主轴轴线歪斜 5. 床身导轨磨损	1. 更换刀具 2. 正确编程，进行刀尖补偿 3. 尽量选用大尺寸的刀柄，减小切削用量 4. 检查车床精度 5. 校正机床水平，检修机床

续表

误差现象	产生原因	预防和解决方法
孔圆度超差	1. 孔壁薄，装夹时变形 2. 轴承间隙太大，主轴颈呈椭圆 3. 工件加工余量和材料组织不均匀	1. 选择合理的装夹方法 2. 检修机床 3. 增加半精车，使精车余量均匀；对毛坯进行回火处理
孔内表面不光整	1. 刀具磨损 2. 车刀几何角度不合适，刀尖偏低 3. 刀柄细长，产生振动	1. 重新刃磨刀具或更换刀片 2. 合理选用刀具角度，精车装刀时可略高于工件中心 3. 尽量更换较大尺寸刀柄，降低切削速度

示例：如图 4-3-13 所示，编写数控车内孔加工程序。

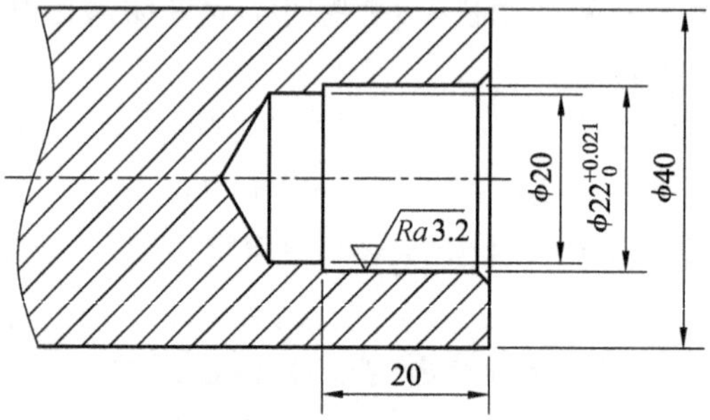

图 4-3-13 零件示意图

首先，可选用φ20 mm 的麻花钻，通过手动钻孔，在工件内部钻出φ20 mm 的内孔，然后再用内孔车刀完成孔的加工。以工件右端面中心点为工件原点建立工件坐标系，内孔轮廓的基点坐标如图 4-3-14 所示，*A*(X25, Z0)，*B*(X22, Z−1.5)，*C*(X22, Z−20)。

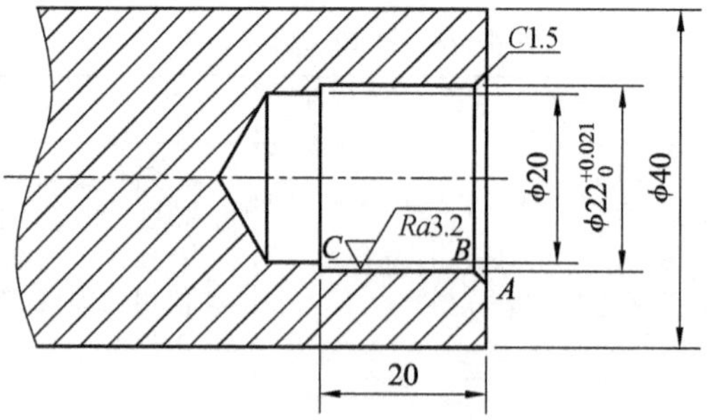

图 4-3-14 零件基点坐标

参考程序见表 4-3-2。

表 4-3-2 粗、精车内孔参考程序

程序	注释
O0110;	程序名
N10 M03 S400;	主轴正转,400 r/min
N20 G00 X100. Z100.;	刀架回换刀点
N30 T0303;	换 3 号内孔刀,执行 3 号刀补
N40 G00 X19. Z3.;	定位到循环起始点
N50 G71 U0.5 R0.5 F0.15;	粗车内孔循环
N60 G71 P70 Q110 U−0.4 W0.2;	内孔循环参数 U 取负值
N70 G00 X25.;	精车轮廓
N80 G01 Z0 F0.08;	
N90 X22. Z−1.5;	
N100 Z−20.;	
N110 X19.;	
N120 G00 Z100.;	
N130 X100.;	
N140 M03 S800;	
N150 T0303;	
N160 G00 X19. Z3;	
N170 G70 P70 Q110;	精车内孔循环
N180 G00 Z100.;	回换刀点
N190 X100.;	
N360 M05;	主轴停转
N370 M30;	程序结束并返回程序起点

注:该程序可用于 FANUC 和 GSK980TD 系统。

4. 内沟槽加工工艺分析

常见的内沟槽如图 4-3-15 所示,图 4-3-15a 为内 T 型槽和退刀槽。内 T 型槽的作用是在槽内嵌入油毛毡,防尘和防止滚动轴承的油脂溢出;内螺纹退刀槽与外螺纹退刀槽作用相似。图 4-3-15b 为轴承中较长的内槽,作用是通过和储存润滑油。图 4-3-15c 为各种阀的内沟槽,作用是通油或通气,这类槽一般要求有较高的轴向定位精度。

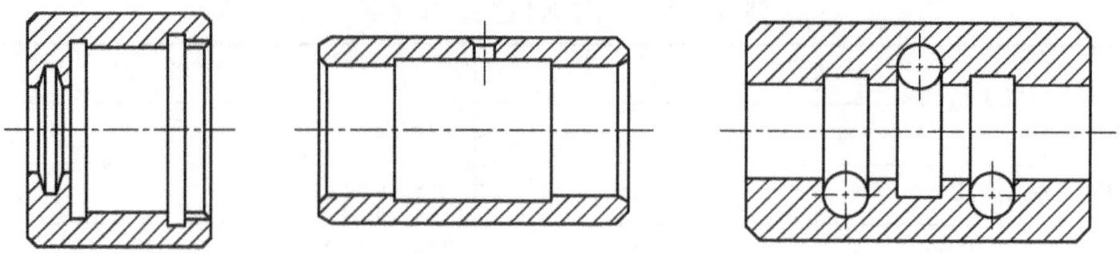

(a) T型槽和退刀槽　(b) 轴承的内槽　(c) 阀的内槽

图 4-3-15　常见内沟槽类型

车内沟槽与车外槽的加工方法类似，不同类型槽的加工示意如图 4-3-16 所示。图 4-3-16a 所示的槽加工，可用主切削刃宽度等于槽宽的内沟槽刀采用直进法一次车出；图 4-3-16b 所示的槽加工要求较高或槽较宽，可采用直进法分几次车出，粗车时，槽壁和槽底留出精车余量，然后根据槽宽、槽深进行精车；如图 4-3-16c 所示槽深度较浅、宽度较大的加工，可用盲孔粗车刀先车出凹槽，再用内沟槽刀车内槽两端垂直面。

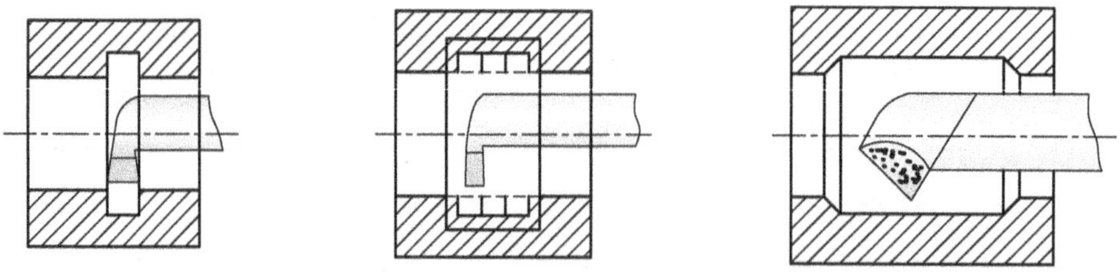

(a) 一次直进法车削　(b) 多次直进法车削　(c) 用盲孔刀车削

图 4-3-16　车内沟槽的方法

示例：如图 4-3-17 所示，编写图中 4×2 内沟槽数控车加工程序。

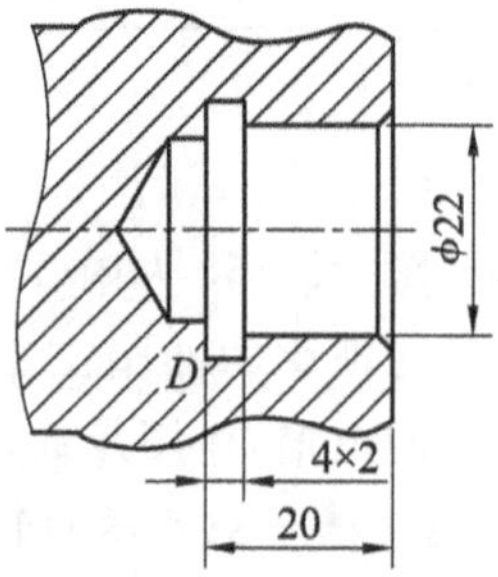

图 4-3-17　内沟槽零件图

选用刀宽为 4 mm 的内切槽刀，工件原点设在右端面中心点处，参考程序见表 4-3-3。

表 4-3-3 车内沟槽参考程序

程序	注释
O0120；	程序名
N10 M03 S400；	主轴正转，400 r/min
N20 G00 X100. Z100.；	刀架回换刀点
N30 T0404；	换 4 号内沟槽刀
N40 G00 X20. Z3.；	定位到孔外
N50 G01 Z−20. F1.；	z 向进刀
N60 X26. F0.08；	x 向切槽
N70 X20. F0.3；	x 向退出槽
N80 Z3. F1.；	z 向退出工件外
N90 G00 X100. Z100.；	回换刀点
N100 M05；	主轴停转
N110 M30；	程序结束并返回程序起点

注：该程序可用于 FANUC 和 GSK980TD 系统。

5. 内螺纹加工工艺分析

(1) 内螺纹车刀选用

内螺纹车刀是根据它的车削方法和工件材料及形状来选择的，如图 4-3-18 所示。刀具尺寸大小受到螺纹孔径尺寸限制，一般内螺纹车刀的刀头径向长度应比孔径小 3～5 mm，否则退刀时要碰伤牙顶，甚至不能车削。为了增加刀杆的强度，刀杆的大小在保证排屑的前提下，尽量选择直径偏大的杆径。

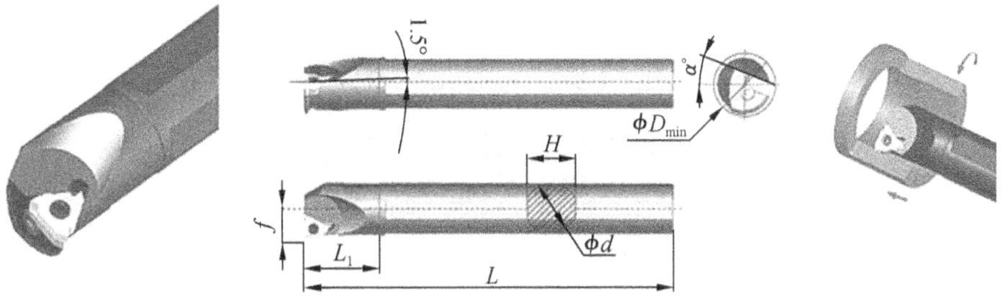

型号	基本尺寸						库存			
	L	d	L_1	f	H	D_{min}		适用刀片	刀片螺钉	扳手
SNR0012K11	125	12	32	9	11	16	•	11NR…	LTXS. M2.5×6	T8-Q
SNL0012K11							。	11NL…		
SNR0016M16	150	16		12	15	20	•	16NR…	LTXS. M3.5×12	T15-Q
SNL0016M16							。	16NL…		
SNR0020Q16	180	20	40	14	18	25	•	16NR…		
SNL0020Q16							。	16NL…		

图 4-3-18 机夹式内螺纹车刀

(2) 内螺纹加工的主要步骤

① 三角形内螺纹尺寸计算

内螺纹尺寸计算包括螺纹大径(D)和螺纹孔径($D_{孔}$)。其中，螺纹大径＝公称直径；螺纹孔径计算应随着工件材料类型不同而调整，螺纹孔径计算公式见表 4-3-4，公式中的 P 为导程。

表 4-3-4 车内螺纹前孔底直径计算公式

材料类型	孔径计算公式
塑性材料	$D_{孔}=D-P$
脆形材料	$D_{孔}=D-1.05P$

② 内螺纹车削要点

首先，车内螺纹前，先把工件的内孔、端面及倒角车好。进刀切削方式和外螺纹类似，螺距小于 1.5 mm 或铸铁螺纹采用直进法，螺距大于 2 mm 采用左右切削法。车内螺纹时目测困难，一般根据观察排屑情况进行左右赶刀切削，并判断螺纹表面的粗糙度。

(3) 内螺纹检验方法

内螺纹的检验方法有两类：综合检验和单项检验。实际中通常进行综合检验，综合检验就是用内螺纹塞规对影响螺纹互换性的几何参数偏差的综合结果进行检验，如图 4-3-19 所示。内螺纹塞规分为通端和止端，如果被测内螺纹能够与塞规通端旋合通过，同时，塞规止端不完全通过(旋合量不超过两个螺距)，就表明被测内螺纹的中径没有超过其最大、最小实体牙型的中径，就可以保证旋合性和连接强度，则被测螺纹中径合格，否则检测不合格。

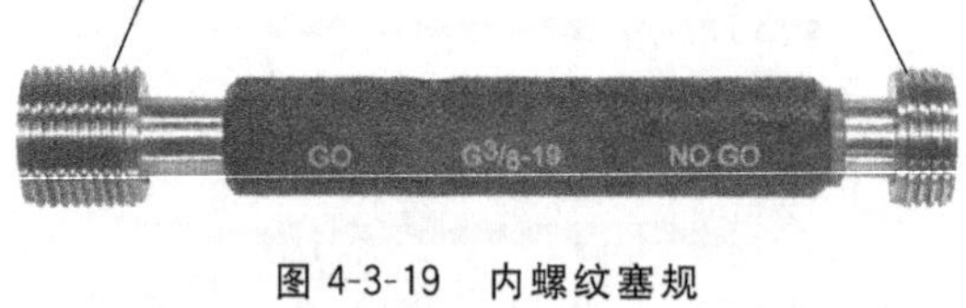

图 4-3-19 内螺纹塞规

示例：如图 4-3-20 所示内螺纹零件，编制数控车内螺纹的加工程序。

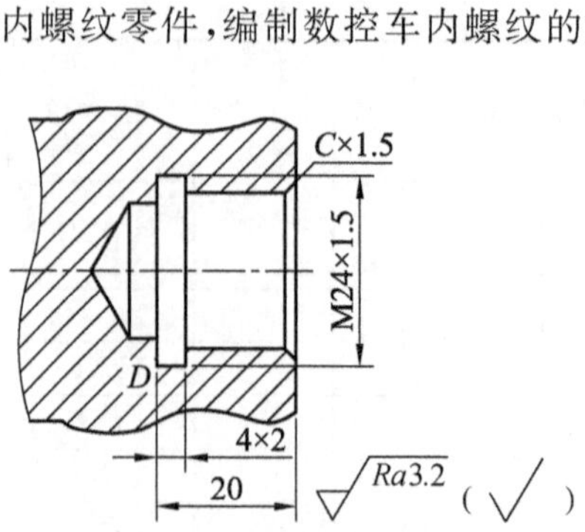

图 4-3-20 内螺纹零件图

图中的底孔和内沟槽的程序编写方法可参考前面示例，内螺纹车削参考程序见表

4-3-5，以工件右端面中心为工件坐标原点，选用60°内螺纹刀车削。

表 4-3-5　内螺纹加工参考程序

程序	注释
O0125；	程序名
N10 M03 S400；	主轴正转，400 r/min
N20 G00 X100. Z100.；	刀架回换刀点
N30 T0202；	换2号内孔刀
N40 G00 X22.5 Z3.；	定位到孔外
N50 G01 Z-18. F0.1；	z 向进刀
N60 X18.；	x 向退刀
N70 Z3. F1.5；	z 向退出工件外
N80 G00 X100. Z100.；	回换刀点
N90 S350；	设定主轴转速 350 r/min
N100 T0303；	换内螺纹刀
N110 G00 X22.5 Z3.；	定位螺纹切削循环起点
N120 G76 P020160 Q50 R0.1；	车内螺纹
N130 G76 X24. Z-22. R0 P974 Q350 F1.5	
N140 G00 X100. Z100.；	回换刀点
N150 M05；	主轴停转
N160 M30；	程序结束

注：该程序可用于 FANUC 和 GSK980TD 系统。

任务实施

1. 加工准备

根据车间现场情况，确保每位操作人员能独立操作一台 FANUC 0i Mate-TC 或广州数控系统 GSK980TD 机床完成零件加工。零件加工的准备事项见表 4-3-6。

表 4-3-6　零件加工的准备事项

准备事项	准备内容
设备	数控车床
刀具	93°外圆刀、切槽刀、钻头、内沟槽刀、内螺纹刀、外螺纹刀
材料	ϕ45 圆钢(总长 75 mm)
量具	钢尺、游标卡尺、外径千分尺、内径百分表、内孔塞规、内螺纹塞规等
其他	垫刀片、对刀板、常用工具等

2. 确定数控车削加工工艺

分析图 4-3-1，该零件为轴套类零件。该零件由外圆柱面、内孔面、内外螺纹和内沟槽、弧面等组成，总长为 70 mm；ϕ34 mm 外圆柱面尺寸精度最高，公差为 0.04 mm，轴向尺寸精度较低，有的尺寸无公差要求，ϕ34 mm 外圆柱面、ϕ22 mm 内孔面及弧面表面精度要求最高为 $Ra1.6\ \mu m$，ϕ34 mm 外圆柱面与ϕ22 mm 内孔同轴度要求为ϕ0.03 mm。

(1) 确定装夹方案

毛坯为ϕ45 mm 圆钢，零件总长为 75 mm，选用三爪自定心卡盘夹紧。

(2) 选择刀具及切削用量

根据零件加工内容，选择外圆加工、钻头、内孔车刀、内切槽刀和内螺纹刀、外螺纹车刀。数控刀具调整卡见表 4-3-7。

表 4-3-7 数控刀具调整卡

<table>
<tr><td colspan="2">产品名称</td><td></td><td>零件名称</td><td>过渡套</td><td>零件图号</td><td></td><td>程序编号</td><td></td></tr>
<tr><td colspan="2">材料</td><td>45 钢</td><td>硬 度</td><td colspan="2">220HBW</td><td colspan="3"></td></tr>
<tr><td rowspan="2">序号</td><td rowspan="2">刀具号</td><td rowspan="2" colspan="2">刀具名称与牌号</td><td colspan="3">刀具参数</td><td rowspan="2">刀补半径</td><td rowspan="2">备注</td></tr>
<tr><td>刀尖圆弧半径</td><td colspan="2">刀杆规格</td></tr>
<tr><td>1</td><td>T01</td><td colspan="2">93°外圆车刀</td><td>0.4 mm</td><td colspan="2">20 mm×20 mm</td><td></td><td></td></tr>
<tr><td>2</td><td>T02</td><td colspan="2">内切槽刀(4 mm)</td><td></td><td colspan="2">刀柄直径为ϕ16 mm</td><td></td><td></td></tr>
<tr><td>3</td><td>T03</td><td colspan="2">93°内孔车刀</td><td>0.4 mm</td><td colspan="2">刀柄直径为ϕ12 mm</td><td></td><td></td></tr>
<tr><td>4</td><td>T04</td><td colspan="2">外螺纹车刀</td><td></td><td colspan="2">20 mm×20 mm</td><td></td><td></td></tr>
<tr><td>5</td><td>T05</td><td colspan="2">内螺纹车刀</td><td></td><td colspan="2">刀柄直径为ϕ16 mm</td><td></td><td></td></tr>
<tr><td>6</td><td>T06</td><td colspan="2">ϕ20 mm 钻头</td><td></td><td colspan="2"></td><td></td><td></td></tr>
</table>

(3) 填写加工工艺卡

根据加工要求，按照内外交叉、粗精结合的原则进行工序安排，该零件的数控加工工序卡见表 4-3-8。

表 4-3-8 数控加工工序卡

(工厂)	数控加工工序卡片	产品名称		零件名称		材料	零件图号	
				过渡套		45 钢		
工序号	程序编号	夹具编号		使用设备		车间		
		三爪自定心卡盘						
工步号	工步内容	加工面	刀具号	刀具规格	主轴转速/(r/min)	进给量/(mm/r)	背吃刀量/mm	备注
1	钻内孔		T06	ϕ20 mm 钻头	500	0.1		
2	粗车左端外圆		T01	93°外圆刀	600	0.2	2	
3	精车左端外圆		T01	93°外圆刀	900	0.1	0.5	
4	精车内孔		T03	93°内孔刀	900	0.1	0.5	
5	切内槽		T02	内切槽刀	400	0.05	2	
6	车 M24×1.5 螺纹		T05	60°内螺纹刀	600			
7	调头,定总长							
8	粗车右端		T01	93°外圆刀	600	0.2	2	
9	精车右端		T01	93°外圆刀	900	0.1	0.5	
10	车 M44×1.5 螺纹		T04	外螺纹刀	600			
编制		审核		批准		共 页	第 页	

3. 编制参考加工程序

参考程序见表 4-3-9。

表 4-3-9 零件加工参考程序

程序	注释
O0130;	程序名,加工左端
N10 M03 S600;	主轴正转,600 r/min
N20 G00 X100. Z100.;	刀架回换刀点
N30 T0101;	换 1 号刀,执行 1 号刀补
N40 G00 X46. Z5.;	
N50 G90 X42. Z−50. F0.2;	粗车左端外圆
N60 X38.;	
N70 X34.5 Z−48.;	
N80 S900;	精车左端外圆
N90 G00 X34. Z5.;	
N100 G01 Z−48. F0.1;	

续表

程序	注释
N110 G02 X38. Z−50. R2;	
N120 G01 X50.;	
N130 G00 Z150.;	
N140 T0303;	换 3 号刀
N150 G00 X22. Z5.;	精车内孔
N160 G01 Z−76. F0.1;	
N170 G00 X20.;	
N180 Z150.;	
N190 S400;	设定主轴转速
N200 T0202;	换 2 号刀
N210 G00 X20. Z5.;	
N220 Z−24.;	车内槽
N230 G01 X25. F0.05;	
N240 G04 X2.;	
N250 G00 X20.;	
N260 Z150.;	
N270 S600;	
N280 T0505;	换 5 号刀
N290 G00 X20. Z5.;	
N300 G92 X22.7 Z−22. F1.5;	车内螺纹
N310 X23.3;	
N320 X23.8;	
N330 X24.;	
N340 G00 Z100;	
N350 X100;	
N360 M05;	主轴停转
N370 M30;	程序结束并返回程序起点
O0131;	程序名，调头加工右端
N10 M03 S600;	主轴正转，600 r/min
N20 G00 X100. Z100.;	刀架回换刀点
N30 T0101;	换 1 号刀，执行 1 号刀补

续表

程序	注释
N40 G00 X46. Z5.;	
N50 G90 X42. Z−6. F0.2;	粗车右端外圆
N60 X39.;	
N70 X36.5;	
N80 G00 X28. Z5.;	
N90 G01 Z0. F0.2;	
N100 X44. Z−5.;	
N110 G00 Z5.;	
N120 X20.;	
N130 S900;	精车右端外圆
N140 G01 Z0. F0.1;	
N150 X24.;	
N160 G03 X36. Z−6. R6;	
N170 G01 X44.;	
N180 Z−22.;	
N190 G00 X50.;	
N200 Z100.;	
N210 T0404;	换 4 号刀
N220 S600;	
N230 G00 X48. Z−3.;	
N240 G92 X43.3 Z−22. F1.5;	车外螺纹
N250 G00 X42.7;	
N260 X42.3;	
N270 X42.05.;	
N280 G00 X100.;	
N290 Z100.;	
N300 M05;	主轴停转
N310 M30;	程序结束并返回程序起点

4. 完成工件加工

规范、正确地操作数控车床进行工件加工。在操作过程中注意以下几点。

(1) 装夹刀具

安装刀具时,每一把刀的安装刀位必须与程序中的刀位号一一对应,务必仔细检查,外圆刀和外螺纹刀的安装参照前面项目任务中的训练要求实施。

① 安装内孔刀

内孔刀安装的正确与否,直接影响到车削情况及孔的精度,因此在安装时应注意以下几个要点。

要点一:刀尖应与工件中心等高或比工件中心稍高。

要点二:刀杆伸出长度不宜过长,一般比被加工孔长 5~10 mm。

要点三:刀杆应与工件轴线基本等高,否则车削到一定深度时,刀杆后半部分容易碰到工件孔口。

要点四:盲孔车刀安装时,内偏刀的主切削刃应与孔底平面成 3°~5°,在车平面时要求横向有足够的退刀余量。

② 安装内沟槽刀

内沟槽刀安装时,刀杆伸出刀架应尽可能短,以增加刚性,避免刀杆弯曲变形,一般比加工长度长 5~10 mm。刀杆要装正,主切削刃要与工件轴线平行,刀刃要对准中心,刀尖应略高于工件旋转中心,防止内沟槽刀下部碰坏孔壁,影响加工精度。装好刀后,可手轮控制让刀进入孔内,查看是否碰孔壁。

③ 安装内螺纹刀

安装内螺纹刀时,刀尖对准工件中心,并借助对刀板,以保证刀尖角的角平分线与工件的轴线相垂直,车出的牙型角才不会偏斜;刀杆伸出不能过长,否则刀具刚性变差。

(2) 对刀

外圆刀、外螺纹刀的对刀操作步骤可参考前面项目中已完成训练的任务。下面介绍内孔刀、内沟槽刀和内螺纹刀对刀的操作要点。

① 内孔刀对刀

z 向对刀:主轴正转,转速设定在 S400,手轮方式移动刀具,使内孔刀刀尖刚好接触工件右端面,然后沿 x 正向退刀,停主轴,面板操作将数据"Z0"录入到对应刀号的刀补值。

x 向对刀:主轴正转,转速设定在 S400,手轮方式移动刀具,刀尖车进孔内 3~5 mm,手轮倍率调整为 10 μm/格,调整刀尖位置,使其轻碰孔壁,然后沿 z 向退出到孔外,手轮控制 x 正向转 30 格(单边进刀 0.3 mm),z 负向进刀车出 5~8 mm 台阶孔,最后使刀尖沿 z 向退出工件。停主轴,用内径百分表测得车出的孔径值,面板操作将数据录入到对应刀号的刀补值。

② 内沟槽刀对刀

z 向对刀:主轴正转,转速设定在 S400,手轮方式移动刀具,使内沟槽刀左侧刀尖刚好接触工件右端面,然后沿 x 正向退刀,停主轴,面板操作将数据"Z0"录入到对应刀号的刀补值。

x 向对刀:主轴正转,转速设定在 S400,手轮方式移动刀具,使内沟槽刀主切削刃刚好接触工件内孔壁,然后使刀尖沿 z 向退出工件。停主轴,用内径百分表测得车出的孔径值，面板操作将数据录入到对应刀号的刀补值。

③ 内螺纹刀对刀

z 向对刀：主轴停转，手轮方式移动刀具，使内螺纹刀刀尖与工件右端面平齐，用目测方式或借助于钢直尺，然后沿 x 正向退刀，面板操作将数据“Z0”录入到对应刀号的刀补值。

x 向对刀：主轴正转，转速设定在 S400，手轮方式移动刀具，使内螺纹刀主切削刃刚好接触工件内孔壁，然后使刀尖沿 z 向退出工件。停主轴，用内径百分表测得车出的孔径值，面板操作将数据录入到对应刀号的刀补值。

5. 尺寸检测

检测尺寸，分析形成尺寸误差的原因，提出解决方案。

6. 加工结束，清理机床

按照生产现场 6S 管理规范，在加工结束后，整理工量具，清除机床切屑，做好机床的日常保养和实习车间的卫生。

5

项目五

配合件加工

☞ 任务一　轴套双配件编程与加工

☞ 任务二　椭圆轴配合件编程与加工

实训报告及任务评价

任务一 轴套双配件编程与加工

任务描述

轴套双配件如图 5-1-1 所示。毛坯材料为 45 钢，毛坯尺寸为 ϕ60 mm×95 mm，ϕ55 mm×45 mm。要求完成双配件的数控加工工艺设计，编写零件的数控加工程序，完成零件的数控车削加工。

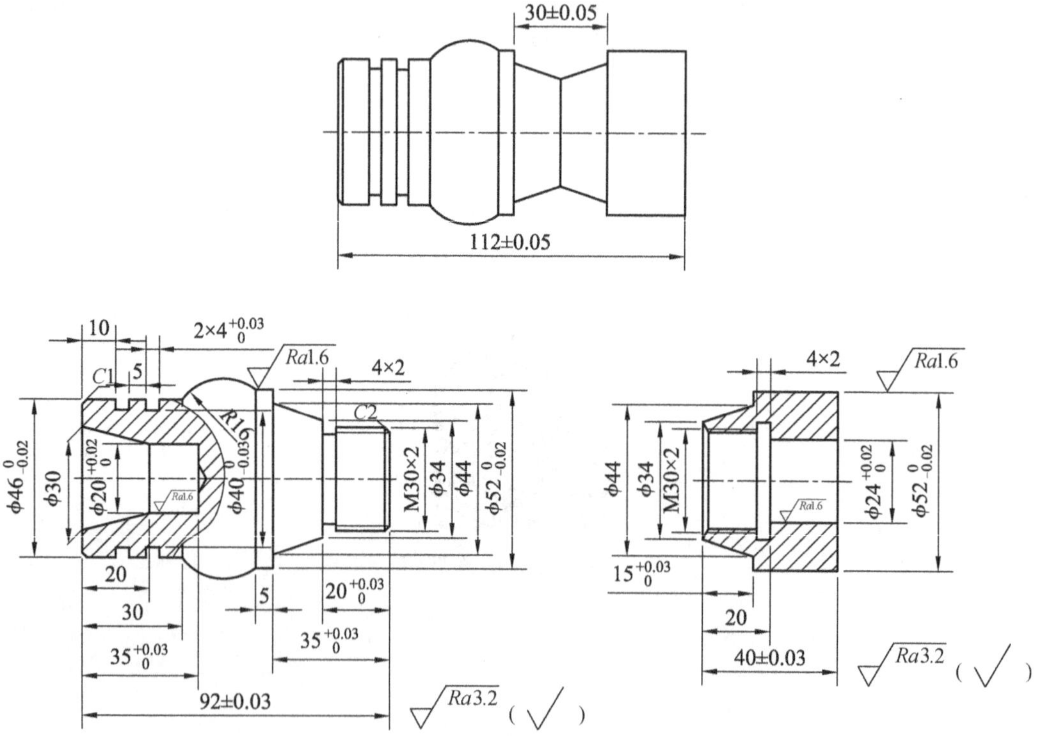

图 5-1-1 轴套双配件

任务分析

轴套配合件训练内容包括：型面、内外圆柱面、槽及螺纹配合结构的编程与加工。该任务从配合件所需要的毛坯选择开始，学习从零件加工到配合件加工需要考虑的总体工艺方案，孔轴配合精度控制和加工装夹方法等。该任务训练目的是学习配合件的数控加工工艺设计、编程和加工方法，掌握综合控制尺寸精度、形位精度和配合间隙的技能，提高配合件的工艺构思能力、加工编程及操作能力。

◎**知识点：**

◇ 配合件工艺设计方法。

◎**技能点：**

◇ 配合件工序安排；

◇ 配合件加工过程中的配合尺寸精度控制。

理论与工艺知识

组合件就是由若干个不同的零件加工后，按图样组合(装配)达到一定的技术要求，由多个零件组合而成。不管组合件的件数多少，复杂程度如何，组合件的组合类型不外乎以下几种：圆柱配合、圆锥配合、偏心配合、螺纹配合。应从影响组合件配合的因素着手分析，并针对各个因素在加工过程中提出具体的应对措施，减少各个因素对配合的影响，使加工更加容易快捷，并保证工件满足精度要求及配合要求，从而实现组合件的装配并满足装配精度。

任务实施

1. 加工准备

根据车间现场情况，确保每位操作人员能独立操作一台 FANUC 0i Mate-TC 或广州数控系统 GSK980TD 机床完成零件加工。零件加工的准备事项见表 5-1-1。

表 5-1-1 零件加工的准备事项

准备事项	准备内容
设备	数控车床
刀具	93°外圆车刀、切槽刀(刀宽 3 mm)、60°外螺纹刀、ϕ18 mm 钻头、ϕ22 mm 钻头、中心钻、93°内孔车刀、内沟槽刀(刀宽 4 mm)、60°内螺纹刀
材料	ϕ60 mm×95 mm 圆钢和ϕ55 mm×45 mm 圆钢各一段
量具	钢尺、游标卡尺、外径千分尺、内径千分尺、螺纹环规 M30×2、塞规 M30×2、螺纹千分尺、粗糙度样板等
其他	垫刀片、对刀板、常用工具等

2. 确定数控车削加工工艺

(1) 配合件加工工艺分析

如图 5-1-1 所示，轴套双配件由零件 1 和零件 2 装配而成。零件尺寸精度较高的主要有外圆$\phi 46_{-0.02}^{0}$、$\phi 20_{0}^{+0.02}$、$\phi 40_{-0.03}^{0}$、$\phi 52_{-0.02}^{0}$、$\phi 24_{0}^{+0.02}$、长度 $10_{-0.03}^{0}$和槽 $2\times 4_{0}^{0.03}$，主要通过正确的对刀、合理设置刀补及磨耗和制定合适的加工工艺等措施来保证。通过内外螺纹 M30×2 进行装配，要求螺纹配合适中，组合后的槽底要求平直，这需要控制好螺纹的中径尺寸，还要保证配合尺寸 30±0.05 和 112±0.05。工件表面粗糙度要求为 $Ra1.6$ μm，可通过选用合适的刀具、正确的粗、精加工路线，合理的切削用量等措施保证。

(2) 制订加工方案

分别制订两个零件的数控加工工艺方案。

① 零件 1 的数控加工方案

a. 夹外圆右端,平端面钻中心孔,再用ϕ18 mm 钻头钻孔,孔深 35 mm;

b. 左端外圆粗加工,加工至ϕ52 外圆处,精加工各外圆;

c. 加工 2×4 两处外槽,至精度要求;

d. 调头夹ϕ46 外圆,打表找正,平端面控制总长;

e. 粗精车螺纹外圆和锥面,精加工至尺寸要求;

f. 车螺纹退刀槽;

g. 车螺纹,加工至通规通、止规止。

② 零件 2 的数控加工方案

a. 夹外圆左端,平端面钻中心孔,再用ϕ22 mm 钻头钻通孔;

b. 粗加工ϕ52 外圆,精加工至尺寸要求;

c. 调头夹ϕ52 外圆,打表找正,平端面控制总长;

d. 车外锥至加工精度;

e. 粗车内孔,再精车内孔至精度要求;

f. 车内沟槽;

g. 车内螺纹,加工至通规通、止规止。

(3) 选择刀具及切削用量

加工材料为 45 钢,需要多把刀具完成加工,应尽量选用可更换刀片的硬质合金刀具。刀具类型和切削用量可见表 5-1-2。

表 5-1-2 数控刀具调整卡

<table>
<tr><td colspan="2">产品名称</td><td></td><td>零件名称</td><td>轴套双配件</td><td>零件图号</td><td></td><td>程序编号</td><td></td></tr>
<tr><td colspan="2">材料</td><td>45 钢</td><td>硬度</td><td colspan="5">220HBW</td></tr>
<tr><td rowspan="2">序号</td><td rowspan="2">刀具号</td><td rowspan="2" colspan="2">刀具名称与牌号</td><td colspan="2">刀具参数</td><td rowspan="2" colspan="2">刀补半径</td><td rowspan="2">备注</td></tr>
<tr><td>刀尖圆弧半径</td><td>刀杆规格</td></tr>
<tr><td>1</td><td>T01</td><td colspan="2">93°外圆车刀</td><td>0.4 mm</td><td>20 mm×20 mm</td><td colspan="2"></td><td></td></tr>
<tr><td>2</td><td>T02</td><td colspan="2">外切槽刀(3 mm)</td><td></td><td>20 mm×20 mm</td><td colspan="2"></td><td></td></tr>
<tr><td>3</td><td>T03</td><td colspan="2">60°外螺纹车刀</td><td></td><td>20 mm×20 mm</td><td colspan="2"></td><td></td></tr>
<tr><td>4</td><td>T04</td><td colspan="2">93°内孔车刀</td><td>0.4 mm</td><td>刀柄直径为 ϕ16 mm</td><td colspan="2"></td><td></td></tr>
<tr><td>5</td><td>T05</td><td colspan="2">内沟槽刀(4 mm)</td><td></td><td>刀柄直径为 ϕ12 mm</td><td colspan="2"></td><td></td></tr>
<tr><td>6</td><td>T06</td><td colspan="2">60°内螺纹车刀</td><td></td><td>刀柄直径为 ϕ16 mm</td><td colspan="2"></td><td></td></tr>
<tr><td>7</td><td>T07</td><td colspan="2">ϕ18 mm 钻头</td><td></td><td></td><td colspan="2"></td><td></td></tr>
<tr><td>8</td><td>T08</td><td colspan="2">ϕ22 mm 钻头</td><td></td><td></td><td colspan="2"></td><td></td></tr>
<tr><td>9</td><td>T09</td><td colspan="2">A 型中心钻</td><td></td><td></td><td colspan="2"></td><td></td></tr>
</table>

(4) 填写加工工艺卡

工件加工工艺卡见表 5-1-3。

表 5-1-3 数控加工工序卡

（工厂）	数控加工工序卡	产品名称或代号		零件名称		材料	零件图号	
				轴套双配件		45 钢		
工序号	程序编号	夹具编号		使用设备		车间		
工步号	工步内容	加工面	刀具号	刀具规格/mm	主轴转速/(r/min)	进给量/(mm/min)	背吃刀量/mm	备注
1	夹持件 1 右端，钻中心孔		T08		600			手动
2	钻 ϕ18 mm 孔，孔深 35 mm		T07		800			手动
3	粗加工左端外圆，加工至 ϕ52 外圆处		T01		800	120	1～2	
4	精加工左端外圆，加工至 ϕ52 外圆处		T01		1000	80	0.5	
5	加工 2×4 两处外沟槽		T02		600	40		
6	粗车内孔		T04		600	80		
7	精车内孔		T04		800	60		
8	调头装夹 ϕ46 外圆，平端面定总长		T01		800			手动
9	粗车右端外圆，至 ϕ52 轴阶		T01		800	120	1～2	
10	精车右端外圆，至 ϕ52 轴阶		T01		1000	80	0.5	
11	车退刀槽 4×2		T02		400	40		
12	车外螺纹		T03		400			
13	夹持件 2 外圆左端，钻中心孔		T09					手动
14	夹持件 2 外圆左端，钻 ϕ22 孔		T08					手动
15	粗车 ϕ52 外圆		T01		800	120	1～2	
16	精车 ϕ52 外圆		T01		1000	80	0.5	
17	调头夹件 2 的 ϕ52 外圆，平端面，定总长		T01					手动
18	粗车锥面至 ϕ52 台阶处		T01		800	120	1～2	

续表

工步号	工步内容	加工面	刀具号	刀具规格/mm	主轴转速/(r/min)	进给量/(mm/min)	背吃刀量/mm	备注
19	精车锥面至φ52台阶处		T01		1000	80	0.5	
20	粗车内孔		T04		600	80		
21	精车内孔		T04		800	60		
22	车内沟槽		T05		400	40		
23	车内螺纹		T06		400			
编制		审核		批准		共 页	第 页	

3. 编制参考加工程序

参考程序见表5-1-4。

表5-1-4 零件加工参考程序

程序	注释
O2001 ;	程序名,件1左端
N10 M03 S800 M08;	主轴正转,800 r/min,切削液开
N20 G00 X100 Z100;	刀架回换刀点
N30 T0101 ;	换1号刀,执行1号刀补
N40 G42 G00 X62. Z5.0 ;	外圆粗切循环起始点
N50 G73 U7. W0 R6. F120;	
N60 G73 P70 Q130 U0.5 W0.1;	
N70 G00 X44. Z3. ;	
N80 G01 Z0. F80 ;	
N90 X46. Z−1. ;	
N100 Z−30. ;	
N110 G03 X52. Z−52. R16. ;	
N120 G01 Z−57. ;	
N130 G00 X62. ;	
N140 G00 X100 Z100;	
N150 M05 ;	
N160 M00 ;	暂停,测量尺寸,修调刀补
N170 M03 S1000;	精加工转速为1000 r/min
N180 T0101;	

续表

程序	注释
N190 G00 X62. Z5. ；	外圆精切循环起刀点
N200 G70 P80 Q160 ；	精加工循环
N210 G00 X100. Z100. ；	刀具回换刀点
N220 M05 M09；	
N230 M00 ；	暂停,检测尺寸
N240 M03 S400 M08；	切槽转速设定
N250 T0202；	换切槽刀
N260 G00 X47. Z5. ；	
N270 Z－13.1；	定位外圆第一个槽
N280 G01 X40.2 F40.	切第一个槽
N290 G00 X47. ；	
N300 Z－13.9；	
N310 G01 X40.2；	
N320 G00 X47. ；	
N330 G01 Z－14. ；	
N340 X40. ；	
N350 Z－13. ；	
N360 X47. ；	
N370 G00 Z－22.1；	
N380 G01 X40.2；	切第二个槽
N390 G00 X47. ；	
N400 G00 Z－22.9；	
N410 G01 X40.2；	
N420 G00 X47. ；	
N430 Z－23. ；	
N440 G01 X40. ；	
N450 Z－22. ；	
N460 X47. ；	
N470 G00 X100. Z100. ；	
N480 S600；	设定车内孔转速
N490 T0404；	换内孔刀

续表

程序	注释
N500 G41 G00 X17. Z5. ；	内孔粗切循环起点
N510 G71 U0.5 R0.5 F80；	
N520 G71 P530 Q570 U−0.5 W0.1；	
N530 G00 X30. ；	
N540 G01 Z0. F60 ；	
N550 X20. Z−20. ；	
N560 Z−35. ；	
N570 X17. ；	
N580 G00 Z100. ；	
N590 X100；	
N600 M09 M05；	
N610 M00；	暂停，检测尺寸
N620 M03 S800；	设定精车内孔转速
N630 T0404；	
N640 G00 X17. Z5. ；	
N650 G70 P530 Q570；	
N660 G40 G00 X100 Z100；	取消刀补，回换刀点
N670 M05 M09；	
N680 M30；	程序结束
O2002；	程序名，件1右端程序
N10 M03 S800 M08；	主轴正转，800 r/min
N20 G00 X100 Z100；	刀架回换刀点
N30 T0101 ；	换外圆刀
N40 G42 G00 X62. Z5.0 ；	定位循环起始点
N50 G71 U1 R1 F120；	
N60 G71 P70 Q140 U0.5 W0.1 ；	
N70 G00 X26. ；	粗切外圆
N80 G01 Z0. F80；	
N90 X29.8 Z−2. ；	
N100 Z−20. ；	
N110 X34. ；	

续表

程序	注释
N120 X44. Z－35. ；	
N130 X51. ；	
N140 X52 Z－35.5 ；	
N150 G00 X100. Z100. ；	
N160 M05 M09；	
N170 M00；	程序暂停，测尺寸，修调刀补
N180 M03 S1000；	
N190 T0101；	
N200 G00 X62. Z5. ；	
N210 G70 P70 Q130 ；	精切外圆
N220 G40 G00 X100. Z100. ；	
N230 M09 M05；	
N240 M00；	暂停，检测尺寸
N250 M03 S400 M08；	
N260 T0202；	换切槽刀
N270 G00 X40. Z5. ；	
N280 Z－20. ；	
N290 G01 X26. F40 ；	切退刀槽
N300 G04 X2 ；	
N310 G01 X40. ；	
N320 G00 Z－19. ；	
N330 G01 X26. F40 ；	
N340 G04 X2 ；	
N350 G01 X40. ；	
N360 G00 X100. Z100. ；	
N370 M05 ；	
N380 T0303；	换螺纹刀
N390 M03 S400；	螺纹切削
N400 G00 X35. Z4. ；	
N410 G92 X29.1 Z－18. F2. ；	
N420 X28.5；	

续表

程序	注释
N430 X28.1;	
N440 X27.8;	
N450 X27.55;	
N460 X27.4;	
N470 G00 X100. Z100. ;	
N480 M05 M09;	
N490 M30;	程序结束
O2003;	程序名,件 2 右端程序
N10 M03 S800 M08;	主轴正转,800 r/min
N20 G00 X100 Z100;	刀架回换刀点
N30 T0101 ;	换外圆刀
N40 G00 X55. Z0. ;	
N50 G01 X0. F120;	
G01 X52.5 Z2. F200;	
N60 Z−26. F120 ;	
N70 X55. ;	
N80 G00 Z2. ;	
N90 X52. ;	
N100 S1000 ;	
N110 G01 Z−27. F80. ;	
N120 G00 X100. ;	
N130 Z100. ;	
N140 M05 ;	
N150 M30 ;	
O2004;	程序名, 件 2 左端程序
N10 M03 S800 M08;	
N20 G00 X100 Z100;	
N30 T0101 ;	外圆刀
N40 G42 G00 X57. Z5. ;	
N50 G71 U1 R1 F120;	粗切外圆
N60 G71 P70 Q110 U0.5 W0.1;	

续表

程序	注释
N70 G00 X34. Z3. ；	
N80 G01 Z0. F80；	
N90 　X44. Z－15. ；	
N100 　X51. ；	
N110 　X52. Z－15.5；	
N120 G00 X100 Z100；	
N130 M05；	
N140 M00；	暂停，检测尺寸，修调刀补
N150 M03 S1000；	精车外圆
N160 T0101；	
N170 G00 X57. Z5. ；	
N180 G70 P70 Q110；	
N190 G40 G00 X100. Z100. ；	
N200 M05 ；	
N210 M03 S600；	车内孔
N220 T0404；	换内孔刀
N230 G41 G00 X22. Z5. ；	
N240 G71 U1. R0.5 F80；	粗车内孔循环
N250 G71 P260 Q310 U－0.5 W0.1；	
N260 G00 X34. ；	
N270 G01 Z0. F60；	
N280 　X28. Z－2. ；	
N290 　Z－20. ；	
N300 　X24. ；	
N310 　Z－41. ；	
N320 G00 Z100. ；	
N330 　X100. ；	
N340 M05 M09；	
N350 M00；	暂停，检测尺寸
N360 M03 S800；	精车内孔
N370 T0404；	

续表

程序	注释
N380 G00 X22. Z5. ;	
N390 G70 P260 Q310；	
N400 G40 G00 X100 Z100；	
N410 M03 S400；	
N420 T0505；	换内沟槽刀
N430 G00 X23. Z5. ;	
N440 G01 Z−20. F40；	
N450 X32. ;	
N460 G04 X2. ;	
N470 G01 X23. ;	
N480 G00 Z100. ;	
N490 X100. ;	
N500 M03 S400；	
N510 T0606；	换内螺纹刀
N520 G00 X25. Z5. ;	
N530 G76 P010260 Q50 R−0.05；	
N540 G76 X30. Z−17. P1299 Q400 F2.；	
N550 G00 X23. ;	
N560 Z100. ;	
N570 M05 M09；	
N580 M30；	

4. 完成工件加工

操作数控车床，完成零件加工。在加工过程中，不仅要控制好每个零件的尺寸，还要注意保证配合尺寸精度，应注意以下几点：

① 每一次装夹工件的时候，都要注意工件伸出端的长度，避免过短或过长；

② 安装好所用刀具，依次进行对刀，完成面板操作存储数据，操作方法参考前面项目的训练内容；

③ 加工过程中，对于精度要求高的尺寸必须在精加工前检测尺寸，利用刀具补偿功能修调尺寸，才能有效控制精加工后的最终尺寸；

④ 内外螺纹是配合关键尺寸，在加工过程中除了用螺纹环规或塞规进行综合测量外，还应该用螺纹中径尺准确测量中径尺寸，确保尺寸精度。

5. 尺寸检测

检测尺寸，分析尺寸误差形成的原因，提出解决方案。

6. 加工结束，清理机床

按照生产现场6S管理规范，在加工结束后，整理工量具，清除机床切屑，做好机床的日常保养和实习车间的卫生。

任务二 椭圆轴配合件编程与加工

任务描述

椭圆轴配合件如图 5-2-1 所示。毛坯材料为 45 钢，毛坯尺寸为ϕ45 mm×15 mm。要求完成配合件的数控加工工艺设计，编写零件的数控加工程序，完成零件的数控车削加工。

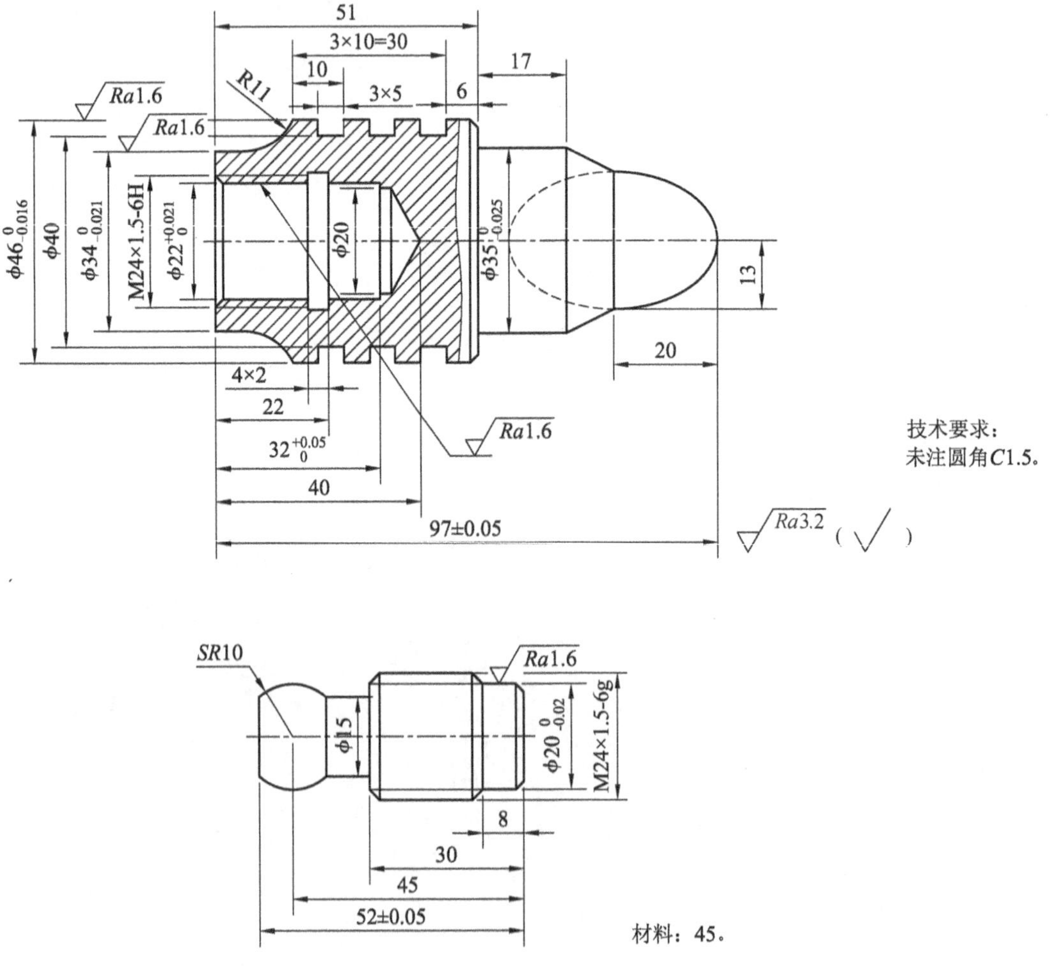

图 5-2-1 轴套双配件

任务分析

该任务中，椭圆配合件包括零件 1 和零件 2。其中，零件 1 是较复杂外形的轴零件，由圆锥面、沟槽、螺纹和椭圆组成，椭圆属于非圆曲线，需要要学习宏程序编程方法，表面粗糙度值为 $Ra1.6\ \mu m$，说明该零件对表面粗糙度的要求较高，需要合理安排粗、精车工序。零件 2 属于套类零件，包括内孔和内螺纹。零件配合部位的尺寸不是独立的，而是与其他零件相配合尺寸关联的，这些尺寸不仅在单件中符合要求，而且与其他零件配合时也要达到配合精度要求。

◎**知识点：**

◇ 配合件综合加工工艺制定方法；

◇ 宏程序编程。

◎**技能点：**

◇ 复杂零件的综合分析；

◇ 配合零件的加工。

理论与工艺知识

该任务中的椭圆结构，属于非圆曲线中的一种，这类特殊轮廓表面的加工相对比较复杂。目前，对这类零件的数控加工，可以采用宏程序编程的方法来实现。以 FANUC 0i 系统为例介绍宏程序的编程方法。

1. 宏程序类型

宏程序就是运用宏指令编写的程序，它的编制方法可理解为利用变量编程。宏指令在程序中可以实现丰富的宏功能，包括数学运算、逻辑判断、条件转移和程序循环等处理功能，以实现一些特殊的用法。宏程序一般分为 A 类宏程序和 B 类宏程序。A 类宏程序是以 G65 格式输入，B 类宏程序则是以直接的公式和语言输入的。在 FANUC 0i 系统中常用 B 类宏程序编制非圆曲线加工程序。

2. 变量

用一个可赋值的代号代替具体的值，这个代号就称为变量。与通用的编程语言不同，用户重宏程序不允许使用变量名。FANUC 系统，变量用变量符号（♯）和后面的变量号指定。例如♯1，♯2，♯10 等。变量根据变量号分为系统变量、公共变量、局部变量和空变量四类。它们的性质和用途各不相同。变量的类型见表 5-2-1。

表 5-2-1 变量的类型

变量号	变量类型	功能
♯0	空变量	该变量总是空，任何值都不能赋给该变量
♯1～♯33	局部变量	只能用在宏程序中存储数据。当断电时，局部变量被初始化为空，调用宏程序时，自变量对局部变量赋值
♯100～♯109 ♯500～♯999	公共变量	在不同的宏程序中的意义相同。当断电时，变量♯500～♯999 的数据被保存，即使断电也不会丢失
♯1000 以上	系统变量	用于读写 CNC 运行时的各种数据。例如，刀具当前位置和补偿值

3. 变量的运算

变量的算术、逻辑运算和运算符见表 5-2-2。

表 5-2-2 变量的算术、逻辑运算和运算符

函数名称	函数代号	备注
加法 减法 乘法 除法	＃i=＃j+＃k ＃i=＃j−＃k ＃i=＃j*＃k ＃i=＃j/＃k	
正弦(度单位) 反正弦(度单位) 余弦(度单位) 反余弦(度单位) 正切(度单位) 反正切(度单位)	＃i=SIN[＃j] ＃i=ASIN[＃j] ＃i=COS[＃j] ＃i=ACOS[＃j] ＃i=TAN[＃j] ＃i=ATAN[＃j]/[＃k]	角度以度指定。90°30′表示为 90.5°
平方根 绝对值 小数点以下四舍五入 小数点以下舍去 小数点以下进位	＃i=SQRT[＃j] ＃i=ABS[＃j] ＃i=ROUND[＃j] ＃i=FIX[＃j] ＃i=FUP[＃j]	＃1=SQRT[＃2] ＃1=ABS[＃2] ＃1=ROUND[＃2] ＃1=FIX[＃2] ＃i=FUP[＃2]
自然对数 指数函数	＃i=LN[＃j] ＃i=EXP[＃j]	
或 异或 与	＃i=＃jOR＃k ＃i=＃jXOR＃k ＃i=＃jAND＃k	逻辑运算一位一位地按二进制数执行
从 BCD 转为 BIN 从 BIN 转为 BCD	＃i=BIN[＃j] ＃i=BCD[＃j]	用于与 PMC 的信号交换

4. 转移和循环

在程序中，使用 GOTO 语句和 IF 语句可以改变控制的流向。有三种转移和循环操作可供使用。

(1) 无条件转移(GOTO)语句

转移到标有顺序号 n 的程序段。当指定 1～9999 以外的顺序号时，出现 P/S 报警。可用表达式指定顺序号。

示例：

```
GOTO 10;        跳转至第 10 行
GOTO ＃20;      跳转至变量＃20 所决定的行
```

(2) 运算符

如表 5-2-3，运算符由两个字母组成，用于两个值得比较，以决定它们是相等还是一个

值小于或大于另一个值。

表 5-2-3 运算符

运算符	含义	运算符	含义
EQ	等于	GE	大于或等于
NE	不等于	LT	小于
GT	大于	LE	小于或等于

(3) 条件转移(IF 语句)

① 格式:IF [条件表达式] GOTO n

说明:如果指定的条件表达式满足时,转移到标有顺序号 n 的程序段;如果指定的条件表达式不满足时,则执行下一个程序段。

示例:

```
IF [#1 LT 20] GOTO 40;      如果变量#1 的值小于 20,转移到顺序号 N40 的
                            程序段,否则执行 N20 程序段
```

② 格式:IF [条件表达式] THEN

说明:如果指定的条件表达式满足时,执行预先决定的宏程序语句,且只执行一个宏程序语句。

示例:

```
IF [#1 EQ #2] THEN #4=0;      如果#1 和#2 的值相等,则 0 赋给#4
```

(4) 循环功能(WHILE 语句)

格式:

```
WHILE [条件表达式] DO m; (m=1,2,3)
…
…
END m;
```

说明:在 WHILE 后指定一个条件表达式,当指定条件满足时,执行从 DO 到 END 之间的程序;否则,转而执行 END 之后的程序段。DO 后的数和 END 后的数为指定程序执行范围的标号,标号值为 1,2,3。若用 1,2,3 之外的值,则会产生 P/S 报警。

5. 宏指令编程示例

如图 5-2-2 所示,编写椭圆轮廓加工程序。

(1) 图样分析

常见的非圆曲线主要有抛物线、双曲线、椭圆曲线、正弦曲线和余弦曲线等。根据图中尺寸可知该椭圆曲线的方程为 $x^2/30^2+z^2/40^2=1$。

(2) 编程思路

可以使用宏指令进行粗加工,采用单一形状固定循环指令 G90 分层进行粗加工,然

后进行半精加工，最后进行椭圆精加工。

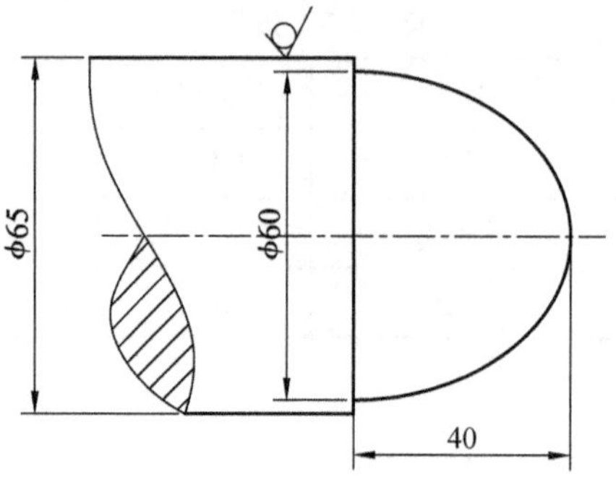

图 5-2-2 椭圆轮廓零件示意图

（3）参考程序

椭圆轮廓加工参考程序见表 5-2-4。

表 5-2-4 椭圆轮廓加工参考程序

程序	注释
O3000；	程序名
N10 G99 G21 G40；	初始化参数
N20 M03 S800；	主轴正转 800 r/min
N30 T0101；	换 01 号外圆刀
N40 G00 X64. Z1.；	循环起始点
N50 G90 60.5 Z－39.8 F0.3；	G90 车削台阶
N60 G00 X60.；	
N70 #1＝30.	赋椭圆短轴坐标初值
N80 #1＝#1 － 2.；	每层切入 2 mm
N90 #2＝SQRT[1600. － 1.778 * #1 * #1]；	计算椭圆 z 坐标
N100 G90 X[2* #1+0.5] Z[#2－40.+0.2]；	精加工余量 x 向 0.5 mm，z 向 0.2 mm
N110 IF [#1 LT 0] GOTO 80；	粗加工循环跳转语句
N120 G01 X0.5 Z0.2；	至椭圆半精加工起点
N130 #1＝0；	半精加工循环赋 x 坐标初值
N140 #1＝#1+0.2；	半精加工循环步距赋值
N150 #2＝SQRT[ABS[1600.－1.778*#1*#1]]；	
N160 G01 X[2 * #1+0.5] Z[#2－40.+0.2] F0.2；	
N170 IF[#1 LT 30.] GOTO 140；	半精加工循环跳转语句
N180 G01 Z0；	至椭圆精加工起点

续表

程序	注释
N190 X0；	
N200 #1=0；	精加工赋 x 坐标初值
N210 #1=#1+0.05；	精加工循环步距赋值
N220 #2=SQRT [ABS[1600. −1.778 * #1 * #1]]；	
N230 G01 X[2 * #1] Z[#2−40.] F0.1；	直线拟合加工椭圆曲线
N240 IF [#1 LT 30.] GOTO 210；	精加工循环跳转语句
N250 G01 Z−40.；	
N260 X65.；	
N270 G00 X100. Z100.；	
N280 M30；	程序结束

任务实施

1. 加工准备

根据车间现场情况，确保每位操作人员能独立操作一台 FANUC 0i Mate-TC 机床完成零件加工。零件加工的准备事项见表 5-2-5。

表 5-2-5 零件加工的准备事项

准备事项	准备内容
设备	FANUC 0i-TC 数控车床
刀具	93°外圆车刀、切槽刀(刀宽 3 mm)、60°外螺纹刀、ϕ20 mm 钻头、中心钻、93°内孔车刀、内沟槽刀(刀宽 4 mm)、60°内螺纹刀
材料	ϕ45 mm×150 mm 圆钢
量具	钢尺、游标卡尺、外径千分尺、内径千分尺、螺纹环规 M30×2、塞规 M30×2、螺纹千分尺、粗糙度样板等
其他	垫刀片、对刀板、常用工具等

2. 确定数控车削加工工艺

(1) 配合件加工工艺分析

如图 5-2-1 所示，椭圆轴配合件由零件 1 和零件 2 装配而成。零件尺寸精度较高的主要有外圆 $\phi43_{-0.021}^{0}$、$\phi35_{-0.021}^{0}$、$\phi24_{0}^{+0.021}$ 和长度 $5_{0}^{+0.1}$、$44_{0}^{+0.1}$、$96_{0}^{+0.1}$，主要通过正确的对刀、合理设置刀补及磨耗和制定合适的加工工艺等措施来保证。通过内外螺纹 M30×2−6g 进行装配，要求螺纹配合适中，组合后的槽底要求平直，这需要在控制好螺纹的中径尺寸的同时，还要保证配合间隙尺寸 $5_{0}^{+0.1}$ 和 $1_{0}^{+0.1}$。工件表面粗糙度要求为 $Ra1.6$ μm，可通过选用合适的刀具、正确的粗、精加工路线，合理的切削用量等措施保证。

(2) 制订加工方案

该任务的毛坯是一段长棒料，因此，可以先完成工件 2 加工，切断后再实施工件 1 的加工。具体工艺路线如下：

① 三爪卡盘夹持毛坯，粗、精车端面，中心钻钻孔，再用ϕ20 mm 麻花钻钻底孔。

② 粗、精车件 2 的ϕ43 外圆、C1 倒角至要求的尺寸，长度为 48 mm。切断。

③ 粗、精车件 1 右端各段外圆，至ϕ43 外圆台阶处。粗、精车椭圆。

④ 车削ϕ29 外槽。

⑤ 调头，用铜皮包住夹持ϕ35 外圆，车削端面，定总长 $96^{+0.1}_{0}$。

⑥ 粗、精车 M30×2 螺纹牙顶圆、ϕ35 外圆和 C1 倒角。

⑦ 粗、精车 5×3 mm 螺纹退刀槽。

⑧ 粗、精车 M30×2 螺纹，完成件 1 加工。

⑨ 加工件 2，夹持已加工的外圆ϕ43，车削 C1 倒角、端面，定总长 $44^{+0.1}_{0}$。

⑩ 先用内孔刀粗、精车削 C1 倒角、内孔ϕ35、M30×2 内螺纹底孔；其次加工内螺纹 M30×2 至尺寸，保证与件 1 的配合间隙 $5^{+0.1}_{0}$ 和配合总长 117 mm；然后调头装夹，夹持ϕ43 外圆，粗、精车内圆锥面、ϕ24 内圆面至尺寸，保证与件 1 的配合间隙为 $1^{+0.1}_{0}$，配合总长为 108 mm。

(3) 选择刀具及切削用量

加工材料为 45 钢，需要多把刀具完成加工，应尽量可更换刀片的选用硬质合金刀具。刀具类型和切削用量见表 5-2-6。

表 5-2-6 数控刀具调整卡

产品名称		零件名称	轴套双配件	零件图号		程序编号	
材料		45 钢	硬度	220HBW			

序号	刀具号	刀具名称与牌号	刀具参数		刀补半径	备注
			刀尖圆弧半径	刀杆规格		
1	T01	93°外圆粗车刀	0.4 mm	20 mm×20 mm		
2	T02	93°外圆精车刀	0.4 mm	20 mm×20 mm		
3	T03	外切槽刀(3 mm)		20 mm×20 mm		
4	T04	60°外螺纹车刀		20 mm×20 mm		
5	T05	93°内孔粗车刀	0.4 mm	刀柄直径为ϕ16 mm		
6	T06	93°内孔精车刀		刀柄直径为ϕ16 mm		
7	T07	60°内螺纹车刀		刀柄直径为ϕ16 mm		
8	T08	ϕ20 mm 钻头				
9	T09	A 型中心钻				

(4) 填写加工工艺卡

工件加工的工艺卡见表 5-2-7。

表 5-2-7 数控加工工序卡

(工厂)	数控加工工序卡片	产品名称或代号		零件名称		材料	零件图号	
				椭圆轴配合件		45 钢		
工序号	程序编号	夹具编号		使用设备		车间		
工步号	工步内容	加工面	刀具号	刀具规格/mm	主轴转速/(r/min)	进给量/(mm/r)	背吃刀量/mm	备注
1	车平右端面		T01		800			手动
2	钻中心孔		T09		600			手动
3	钻 ϕ20 孔,深 48 mm		T08		600		0.5	手动
4	粗车件 2 的 ϕ43 外圆、C1 倒角		T01		800	0.2		
5	精车件 2 的 ϕ43 外圆、C1 倒角		T02		1000	0.1		
6	切断 ϕ43×45 mm		T03		400	0.15		
7	粗车各段外圆,至 ϕ43 外圆台阶处		T01		800	0.2		
8	精车各段外圆,至 ϕ43 外圆台阶处		T02		1000	0.1		
9	粗车椭圆		T01		800	0.2		
10	精车椭圆		T02		1000	0.1		
11	车削 ϕ29 外槽		T03		400	0.15		
12	调头,包铜皮夹持 ϕ35 外圆,平端面,定总长		T01		800	0.2		手动
13	粗车 M30×2 螺纹牙顶圆、ϕ35 外圆和 C1		T01		800	0.2		
14	精车 M30×2 螺纹牙顶圆、ϕ35 外圆和 C1		T02		1000	0.1		
15	车 5×3 螺纹退刀槽		T03		400	0.15		
16	车螺纹 M30×2		T04		500			
17	加工件 2,夹持外圆 ϕ43,平端面,定总长 44		T01		800			手动
18	粗车 C1、ϕ35 内孔、M30×2 内螺纹底孔		T05		800	0.15		

续表

工步号	工步内容	加工面	刀具号	刀具规格/mm	主轴转速/(r/min)	进给量/(mm/r)	背吃刀量/mm	备注
19	精车 $C1$、ϕ35 内孔、M30×2 内螺纹底孔		T06		600	0.1		
20	车内螺纹 M30×2		T07		600			
21	调头装夹，粗车内圆锥孔、ϕ24 内圆柱面		T05		800	0.15		
22	精车内圆锥孔、ϕ24 内圆柱面		T06		600	0.1		
编制		审核		批准		共　页	第　页	

3. 编制参考加工程序

表 5-2-8　椭圆轴配合件参考程序

程序	说明
O2201；	
N10　G40 G99；	指定为每转进给方式
N20　M03 S800；	主轴正转，转速为 800 r/min
N30　T0101 M08；	选定 1 号刀，切削液开
N40　G00 X41.0 Z2.0；	
N50　G01 Z0 F0.2；	
N60　X43.0 Z−1.0；	
N70　Z−48.0；	
N80　G00 X100.0 Z100.0；	回换刀点
N90　M03 S400；	
N100　T0303；	调用切槽刀
N110　G00 X46.0 Z−48.0；	切断长度为 45 mm
N120　G01 X18.0 F0.15；	
N130　G00 X100.0 Z100.0；	
N140　M05；	
N150　M30；	
O2202；	加工件一程序号
N10　G40 G99；	
N20　M03 S800；	
N30　T0101 M08；	调用外圆刀

续表

程序	说明
N40 G00 X46.0 Z2.0；	循环起始点
N50 G71 U2.0 R0.5；	
N60 G71 P70 Q160 U0.5 W0 F0.2；	
N70 G00 X24.0；	
N80 G01 Z−22.0 F0.1；	
N90 X30.0 W−10.0；	
N100 W−1.0；	
N110 X33.0；	
N120 X35.0 W−1.0；	
N130 Z−63.0；	
N140 X41.0；	
N150 X43.0 W−1.0；	
N160 W−5.0；	
N170 G00 X100.0 Z100.0；	回换刀刀点
N180 M03 S1000；	设定精加工转速
N190 T0202；	
N200 G00 X46.0 Z2.0；	
N210 G70 P70 Q160；	
N220 G00 X100.0 Z100.0；	
N230 T0101；	
N240 G00 X25.0 Z2.0；	
N250 #1=90；	N250 至 N310 粗车椭圆
N260 #2=24SIN[#1]；	
N270 #3=18COS[#1]；	
N280 #4=#3−18.0；	
N290 G90 X[#2+0.2] Z[#4+0.1] F0.2；	
N300 #1=#1−3；	
N310 IF[#1GE0] GOTO260；	
N320 G00 X100.0 Z100.0；	
N330 M03 S1000；	
N340 T0202；	换 2 号精车刀

续表

程序	说明
N350　G00 X25.0 Z2.0；	
N360　#5=0；	N360 至 N420 精车椭圆
N370　#6=24SIN[#5]；	
N380　#7=18COS[#5]；	
N390　#8=#7-18.0；	
N400　G01 X[#6] Z[#8] F0.2；	
N410　#5=#5+0.01；	
N420　IF[#5LE90] GOTO 370；	
N430　G00 X100.0 Z100.0；	
N440　M03 S400；	
N450　T0303；	换 3 号切槽刀
N460　G00 X37.0 Z-41.0；	
N470　G01 X29.0 F0.15；	车削 ϕ29 mm 沟槽
N480　G04 X2.0；	
N490　G00 X36.0；	
N500　Z-43.0；	
N510　G01 X29.0 F0.15；	
N520　G04 X2.0；	
N530　G00 X100.0；	
N540　Z100.0；	
N550　M05；	
N560　M30；	
O2203；	工件 1 掉头加工程序号
N10　G99；	
N20　M03 S800；	
N30　T0101 M08；	
N40　G00 X46.0 Z2.0；	
N50　G71 U2.0 R0.5；	
N60　G71 P70 Q160 U0.5 W0 F0.2；	
N70　G00 X27.0；	
N80　G01 Z0 F0.15；	

续表

程序	说明
N90 X29.8 Z—1.5;	
N100 Z—18.0;	
N110 X33.0;	
N120 X35.0 W—1.0;	
N130 Z—28.0;	
N140 X41.0;	
N150 X45.0 W—2.0;	
N160 X46.0;	
N170 G00 X100.0 Z100.0;	
N180 M03 S1000;	
N190 T0202;	
N200 G00 X46.0 Z2.0;	
N210 G70 P70 Q160;	
N220 G00 X100.0 Z100.0;	
N230 T0303;	换 3 号切槽刀
N240 M03 S400;	
N250 G00 X36.0 Z—18.0;	
N260 G01 X24.0 F0.15;	
N270 G00 X31.0;	加工螺纹退刀槽
N280 Z—16.0;	
N290 G01 X24.0 F0.1;	
N300 G00 X100.0;	
N310 Z100.0;	
N320 M03 S500;	
N330 T0404;	换 4 号螺纹刀
N340 G00 X31.0 Z2.0;	
N350 G76 P031060 Q50 R0.1;	加工 M30×2 外螺纹
N360 G76 X27.4 Z—15.0 P1300 Q200 F2.0;	
N370 G00 X100.0 Z100.0;	
N380 M05;	
N390 M30;	

续表

程序	说明
O2204；	工件 2 程序号
N10 G99；	
N20 M03 S800；	
N30 T0101 M08；	调用 1 号刀
N40 G00 X45.0 Z0；	
N50 G01 X19.0 F0.1；	
N60 X41.0；	
N70 X45.0 Z−2.0；	
N80 G00 X100.0 Z100.0；	
N90 M03 S800；	
N100 T0505；	换内孔粗车刀
N110 G00 X19.0 Z2.0；	
N120 G71 U1.5 R0.5；	
N130 G71 P140 Q210 U−0.5 W0 F0.15；	
N140 G00 X37.0；	
N150 G01 Z0 F0.1；	
N160 X35.0 Z−1.0；	
N170 Z−5.0；	
N180 X30.4；	
N190 X27.4 W−1.5；	
N200 Z−27.0；	
N210 X25.0；	
N220 G00 X100.0 Z100.0；	
N230 M03 S1000；	
N240 T0606；	换内孔精车刀
N250 G00 X19.0 Z2.0；	
N260 G70 P140 Q210；	
N270 G00 X100.0 Z100.0；	
N280 M03 S600；	
N290 T0707；	内螺纹车刀
N300 G00 X26.0 Z2.0；	

续表

程序	说明
N310 G01 Z－2.0；	
N320 G76 P031060 Q50 R0.1；	加工 M30×2 内螺纹
N330 G76 X30.0 Z－24.0 P1300 Q200 F2.0；	
N340 G00 Z100.0；	
N350 X100.0；	
N360 M05；	
N370 M30；	
O2205；	工件 2 掉头加工程序号
N10 G99；	
N20 M03 S800；	
N30 T0505；	换内孔粗车刀
N40 G00 X19.0 Z2.0；	
N50 G71 U1.5 R0.5；	
N60 G71 P70 Q110 U－0.5 W0 F0.15；	
N70 G00 X30.0；	
N80 G01 Z0 F0.1；	
N90 X24.0 Z－10.0；	
N100 Z－20.0；	
N110 X23.0；	
N120 G00 X100.0 Z100.0；	
N130 M03 S1000；	
N140 T0606；	
N150 G00 X19.0 Z2.0；	
N160 G70 P70 Q110；	
N170 G00 X100.0 Z100.0；	
N180 M05；	
N190 M30；	

4. 完成工件加工

操作数控车床，完成零件加工。在加工过程中，不仅要控制好每个零件的尺寸，还要注意保证配合尺寸精度。

5. 尺寸检测

检测尺寸，分析尺寸误差形成的原因，提出解决方案。

6. 加工结束，清理机床

按照生产现场 6S 管理规范，在加工结束后，整理工量具，清除机床切屑，做好机床的日常保养和实习车间的卫生。

6

项目六

数控车工职业技能鉴定零件加工实例

☞ 任务一　中级工零件加工实例

☞ 任务二　高级工零件加工实例——薄壁件加工

☞ 任务三　高级工零件加工实例——偏心件加工

技能鉴定模拟题

数控车工是指从事编制数控加工程序并操作数控车床进行零件车削加工的人员。数控车工职业共设四个等级，分别为中级（国家职业资格四级）、高级（国家职业资格三级）、技师（国家职业资格二级）和高级技师（国家职业资格一级）。

数控车工职业技能鉴定是以数控车工国家职业标准为依据，在政府劳动保障行政部门的领导下，由职业技能鉴定中心组织实施，依托职业技能鉴定所（站），开展对数控车床操作从业人员技能水平的评价和认定。

数控车工职业技能鉴定考试分为理论知识考试（应知）和操作技能考核（应会）两部分。理论知识考试采用书面闭卷笔试、统一评分的形式进行，主要考查从业人员对金属切削技术原理、加工准备、数控编程知识、数控车床操作、零件加工、数控车床维护与精度检验等相关方面的理论知识的理解和掌握程度。操作技能考核主要采取实际操作数控车床加工给定零件的方式，在规定时间内，对从业人员实际操作过程中操作的正确性、规范性、安全性及加工零件的精度、表面粗糙度等方面进行综合考核，主要考查从业人员在操作数控车床、典型零件加工及工艺等方面的实际操作技能。

任务一 中级工零件加工实例

加工零件图及评分标准

1. 零件图

零件如图 6-1-1 所示。

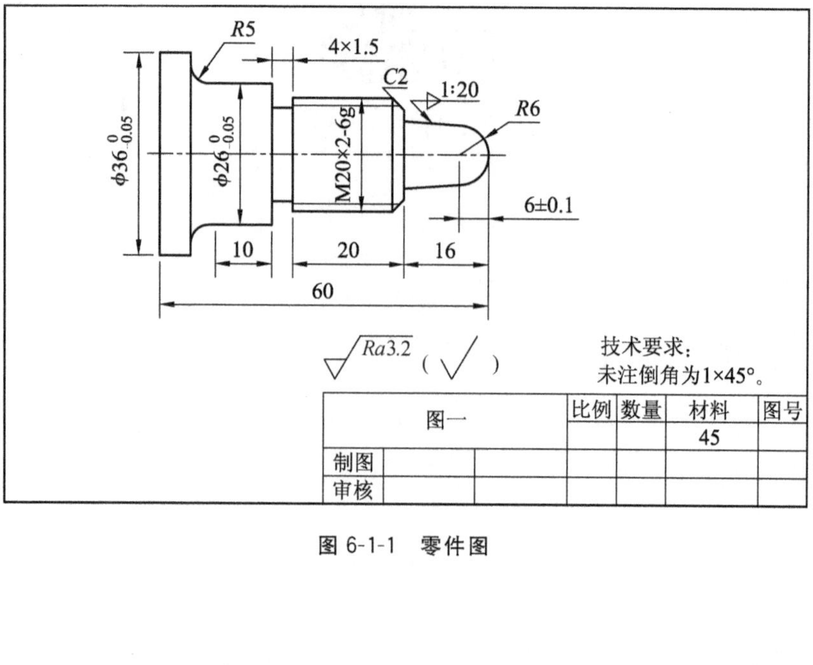

图 6-1-1 零件图

2. 材料清单

材料清单见表 6-1-1。

表 6-1-1 材料清单

材料名称	型号规格	数量	备注	材料名称	型号规格	数量	备注
端面车刀	YT15	1		游标卡尺	0～200	1	
外圆车刀	YT15	1		环规	M20×2-6g	1	
三角螺纹刀	YT15	1		圆钢	ϕ40×85	1	
外切槽刀	b=4	1		R 规	R5,R6	各 1	
外径千分尺	25～50	1					

3. 评分表

评分表见表 6-1-2。

表 6-1-2 零件评分表

项目名称				总得分		
时间定额		2 h		实际用时		
项目	检测内容		配分	评分标准	实测	得分
外圆直径	ϕ26	尺寸	4	超差 0.01 扣 2 分		
		Ra3.2	3	$Ra>3.2$ 扣 2 分 $Ra>6.3$ 全扣		
	ϕ36	尺寸	4	超差 0.01 扣 2 分		
		Ra3.2	3	$Ra>3.2$ 扣 2 分 $Ra>6.3$ 全扣		
	ϕ20	尺寸	4	超差 0.01 扣 2 分		
螺纹	M20×2 止通规检查		10	止通规检查不满足要求不得分		
	Ra3.2		3	$Ra>3.2$ 扣 2 分 $Ra>6.3$ 全扣		
圆锥	1∶20	尺寸	5	超差 0.01 扣 2 分		
		Ra3.2	3	$Ra>3.2$ 扣 2 分 $Ra>6.3$ 全扣		
圆弧	R5	尺寸	3	圆弧错误不得分		
		Ra3.2	3	$Ra>3.2$ 扣 2 分 $Ra>6.3$ 全扣		
	R6	尺寸	3	圆弧错误不得分		
		Ra3.2	3	$Ra>3.2$ 扣 2 分 $Ra>6.3$ 全扣		
倒角	3 处倒角		3	未倒角不得分		

续表

项目	检测内容	配分	评分标准	实测	得分
退刀槽	4×1.5	2	超差不得分		
长度	3个长度尺寸	4	一处错误扣1分		
程序编写		30	一处错误或工艺不合理扣5分		
安全文明生产		10	按有关规定每违反一项扣3分，发生重大事故取消考试资格		
加工时间	超过定额时间10 min扣5分，超过定额时间15 min扣10分，超过定额时间20 min以上则停止考试				

制定数控加工工艺方案

该零件主要由外圆、圆弧、圆锥面、外螺纹和外槽组成，下面对其进行综合工艺分析：

① 该零件可采用普通三爪卡盘夹持；

② 粗、精加工外轮廓，至精度要求；

③ 车螺纹退刀槽；

④ 粗、精车螺纹，加工至通规通、止规止。

编写数控加工程序

零件加工参考程序见表6-1-3。

表6-1-3 零件加工参考程序

程序	注释
O1300；	程序名
N10 M03 S800；	主轴正转，转速800 r/min
N20 T0101；	换外圆刀
N30 G99 G42 G00 X40. Z2.；	定位外圆切削循环起始点
N40 G71 U1.5 R1 F0.2；	外圆粗车循环
N50 G71 P60 Q170 U0.5 W0.1 F0.2；	
N60 G00 X0.；	
N70 G01 Z0. F0.1；	
N80 G03 X12. Z−6. R6. F0.08；	
N90 G01 X12.5 Z−16.；	
N100 X16.；	
N110 X20. Z−18.；	
N120 Z−40.；	

续表

程序	注释
N130 X26.；	
N140 Z－50.；	
N150 G02 X36. Z－55. R5. F0.05；	
N160 G01 Z－62.；	
N170 X41.；	
N180 M03 S1000；	精车外圆转速 1000 r/min
N190 G70 P60 Q170；	精车外圆
N200 G00 X19.8 Z－14.；	精车螺纹牙顶圆直径至 19.8
N210 G01 Z－38. F0.08；	
N220 G00 X100.；	回换刀点
N230 Z100.；	
N240 T0202；	换切槽刀
N250 S400；	设定切槽转速 400 r/min
N260 G00 X27. Z－40.；	
N270 G01 X17. F0.03；	
N280 G04 X3.；	槽底延迟
N290 G01 X22.；	
N300 G00 X100. Z100.；	回换刀点
N310 S600；	设定螺纹切削转速 600 r/min
N320 T0303；	换螺纹刀
N330 G00 X22. Z－12.；	定位螺纹循环起始点
N340 G92 X19.2 Z－38. F2.；	切螺纹循环
N350 X18.6；	
N360 X18.2；	
N370 X17.8；	
N380 X17.55；	
N390 X17.4；	
N400 G00 X100. Z100.；	回换刀点
N410 M05；	主轴停转
N420 M30；	程序结束

注：该程序可用于 FANUC 和 GSK980TD 系统。

任务二 高级工零件加工实例——薄壁件加工

加工零件图及评分标准

1. 零件图

零件图如图 6-2-1 所示。

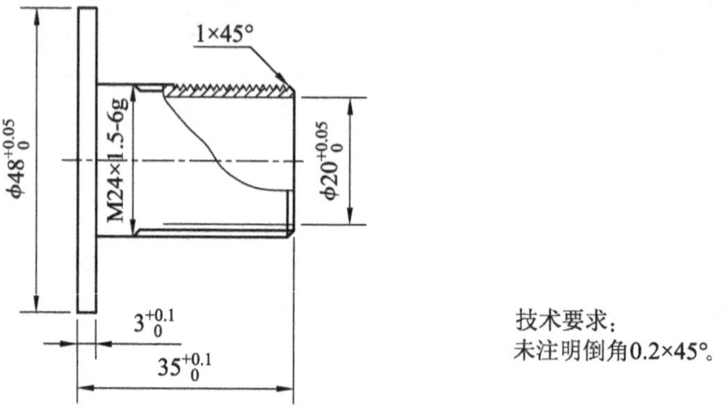

图 6-2-1 零件图

2. 材料清单

材料清单见表 6-2-1。

表 6-2-1 材料清单

材料名称	型号规格	数量	备注	材料名称	型号规格	数量	备注
端面车刀	YT15	1		游标卡尺	0～200	1	
外圆车刀	YT15	1		环规	M24×1.5-6g	1	
三角螺纹刀	YT15	1		塞规	φ20	1	
粗车内孔车刀	刀杆φ12	1		外径千分尺	25～50	1	
精车内孔车刀	刀杆φ12	1		圆钢	φ50×38	1	
钻头	φ18						

3. 评分表

评分表见表 6-2-3。

表 6-2-2　零件评分表

工件编号					总得分		
考核项目与配分		序号	考核内容与技术要求	配分	评分标准	检测记录	得分
工件加工（80%）	外轮廓	1	$\phi 48^{+0.05}_{0}$	10	每超差 0.01 扣 2 分		
		2	$3^{+0.1}_{0}$	12	每超差 0.01 扣 1 分		
		3	$35^{+0.1}_{0}$	15	每超差 0.01 扣 2 分		
		4	M25×1.5-6g	15	每超差 0.01 扣 2 分		
	内轮廓	5	$\phi 20^{+0.05}_{0}$	13	每超差 0.01 扣 2 分		
	其他	6	一般尺寸及其倒角	5	每超差 0.01 扣 2 分		
		7	工件按时完成	5	未按时完成全扣		
		8	工件无缺陷	5	缺陷一处扣 5 分		
工序制定及编程（10%）		9	工序制定合理，选择刀具正确	4			
		10	指令应用合理、得当、正确	3			
		11	程序格式正确，符合工艺要求	3			
现场操作规范（10%）		12	工具的正确使用	2			
		13	量具的正确使用	3			
		14	刃具的合理使用	3			
		15	设备正确操作和维护保养	2			
安全文明生产（倒扣分）		16	安全操作	倒扣	出现安全事故停止操作或酌情扣 5～30 分		
		17	机床整理	倒扣			

制订数控加工工艺方案

分析零件图可知，该薄壁零件的刚性差，强度弱，在加工中极容易变形，使零件的形位误差增大，不易保证零件的加工质量。

1. 影响薄壁零件加工精度的因素

(1) 易受力变形

因工件壁薄，刚性差，在夹紧力的作用下容易产生变形，从而影响工件的尺寸精度和形状精度。采用如图 6-2-2a 所示的装夹方式夹紧工件时，在夹紧力的作用下，加工后的内孔会略微变成三角形形状，但是镗孔后得到的仍然是一个圆柱孔，当松开卡爪，取下工件以后，由于弹性变形恢复，外圆恢复成圆柱形，而内孔则变成如图 6-2-2b 所示的弧形三角形，而且此时如果用千分尺进行测量，内孔各个方向直径 D 相等，但不是内圆柱面，而成了等直径变形面。

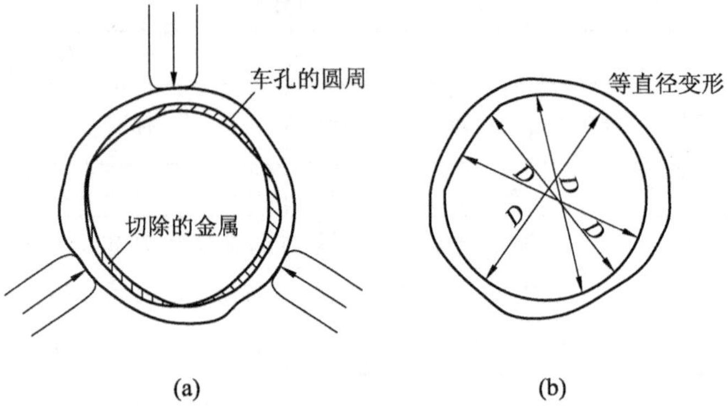

图 6-2-2 薄壁件的夹紧变形

(2) 易受热变形

因工件较薄,切削热会引起热变形,使工件尺寸难于控制。尤其是对于线膨胀系数较大的金属薄壁件,如果在一次安装中连续完成半精车和精车,这种影响更加明显,甚至会使工件卡在夹具上。

(3) 易振动变形

在切削刃(特别是径向切削力)的作用下,容易产生振动和变形,影响工件的尺寸精度、形状、位置精度和表面粗糙度。

2. 提高薄壁零件加工精度的方法

(1) 合理安排粗、精车工序

粗车时,切削余量大,夹紧力较大,切削力和切削热也较大,因此工件温度升高明显,变形较大,粗车后工件应有足够的自然冷却时间。精车时,夹紧力稍小,可减少夹紧变形,同时还可以消除粗车时因切削力过大而产生的变形。

(2) 常用方法

增大装夹的接触面积,使工件局部受力改变成均匀受力,让夹紧力均匀分布在工件上,减少变形。常用的方法有:

① 利用开缝套筒,如图 6-2-3 所示。

② 利用特制的软卡爪,如大面积软爪、扇形软爪等,如图 6-2-4 所示。

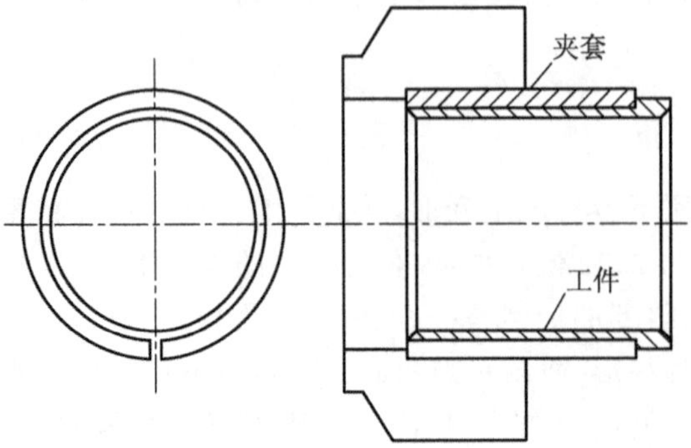

图 6-2-3 开缝套筒

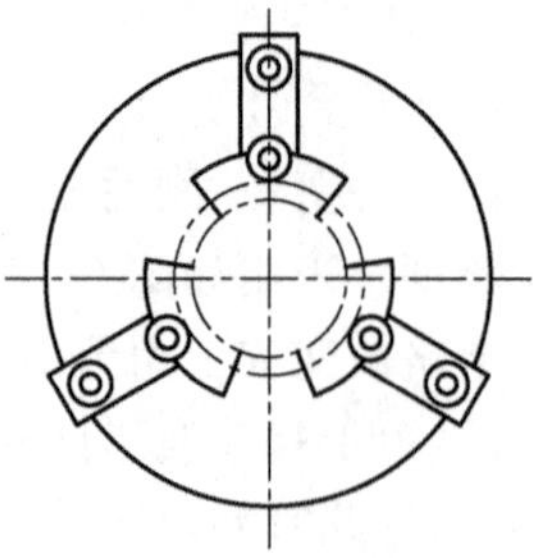

图 6-2-4 扇形软爪

③ 弹性胀力心轴，借助弹性变形所产生的胀力夹紧工件并进行车削加工。装夹时，把工件套在心轴上，拧紧螺帽，使开口套筒轴向移动，心轴锥部使套筒外圆胀大，就能把工件牢固撑紧。这种心轴装卸工件方便，能保证工件的同轴度要求，适于中小型零件的加工，如图 6-2-5 所示。

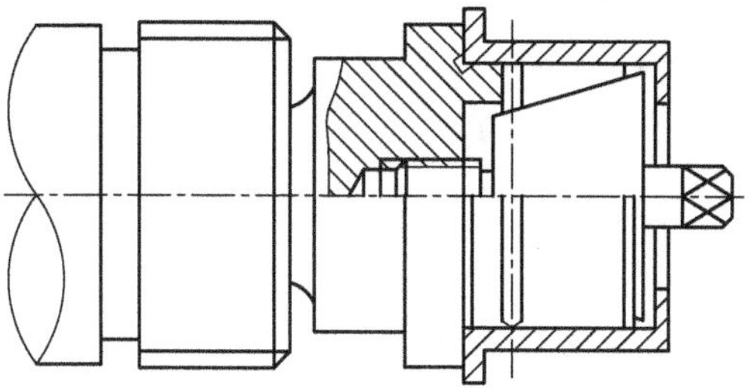

图 6-2-5　弹性胀力心轴

④ 在装夹部位增加工艺肋，增强此处刚性，使夹紧力作用在工艺肋上，减少工件变形，加工结束后，移除工艺肋，如图 6-2-6 所示。

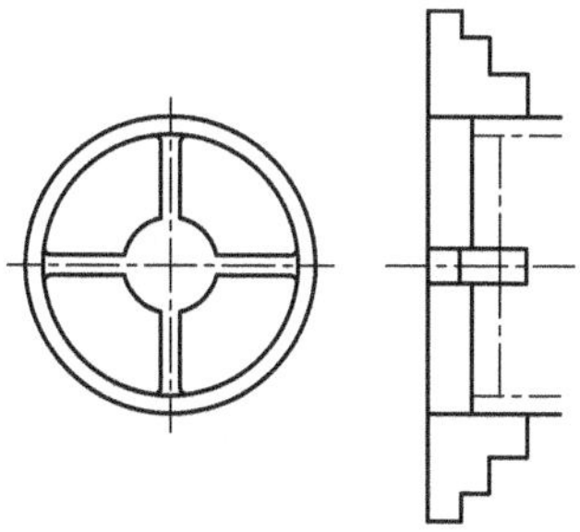

图 6-2-6　工艺肋

⑤ 采用轴向夹紧夹具，工件依靠轴向夹紧套（螺纹套）的端面实现轴向夹紧，由于夹紧力 F 沿工件轴向分布，而薄壁工件轴向刚度高，不容易产生轴向夹紧变形，如图 6-2-7 所示。

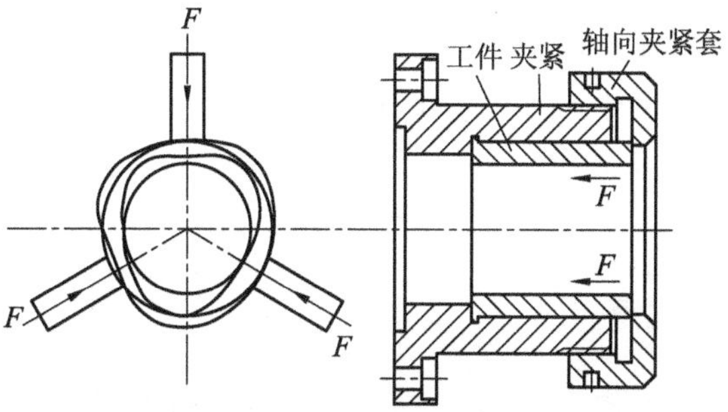

图 6-2-7　轴向夹紧夹具

⑥ 合理选择刀具的几何参数，精车薄壁工件时，车刀刀柄的刚度要高，车刀的修光刃不能过长（一般取 0.2～0.3 mm），刃口要锋利。

⑦ 合理选用切削用量，减少切削深度，选择较低转速（防止震动和减小切削热），增加

走刀次数，适当提高进给量。

⑧ 使用切削液，并充分喷注，降低切削温度，减小工件变形。

⑨ 采用减震措施，调整好车床各部位的间隙。加强工艺系统的刚性，使用吸震材料，比如用医用橡胶管均匀缠绕在已加工好的外圆精加工内孔，能获得较好的减震效果。

3. 分析该工件，确定装夹方案

因为是薄壁件，螺纹厚度仅 4 mm，材料为 45 钢，在车削螺纹时工件受力大，刚性不足，易引起晃动，所以如何装夹定位是关键。为了解决这个问题，可设计一套适合的专用夹具，如图 6-2-8 所示。

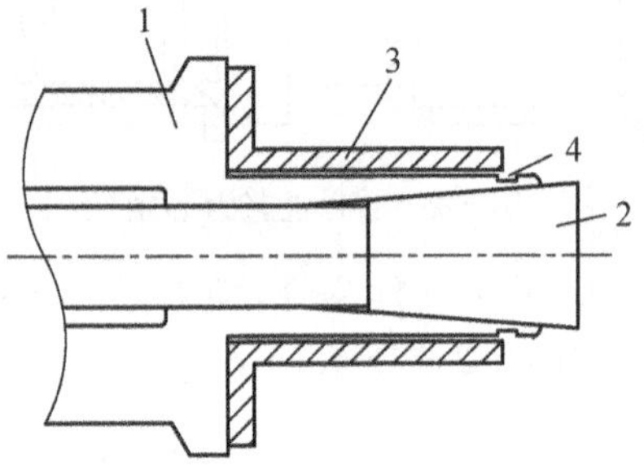

1—夹具体；2—拉杆；3—工件；4—小沟槽

图 6-2-8 专用夹具结构

件 1 为夹具主体，材料 45 钢，左端被夹持直径为ϕ42，可用来夹持ϕ20～ϕ30 mm 的工件内孔；件 2 为拉杆，材料 45 钢，通过夹具体与薄壁工件上的ϕ20 孔对应配合，完成工件在夹具中定位及传递切削力；件 3 为已加工完左端面和内孔的工件，装夹时注意工件与夹具体 1 的轴向夹紧配合；小沟槽 4 的作用是在工件掉头装夹后，为方便车端面，以控制总长而设计，尺寸为 5 mm×2 mm。

4. 工件的数控车工序安排

① 装夹毛坯 15 mm 长，平端面。

② 用ϕ18 钻头钻通孔。

③ 粗、精车ϕ20 通孔，至尺寸精度。

④ 工件掉头，利用图 6-2-8 所示夹具装夹工件，平端面，定总长 35 mm。

⑤ 粗、精车螺纹外圆尺寸至ϕ23.8 mm。

⑥ 粗、精车螺纹 M24×1.5。

⑦ 拆卸工件，完成加工。

编写数控加工程序

工件的螺纹加工时，采用 G92 和 G76 混合编程，即先用 G76 进行螺纹粗车，再用 G92 进行螺纹精车，这样可以避免因切削量大而产生的薄壁变形，同时也保证了螺纹精度。

薄壁件加工参考程序见表 6-2-3。

表 6-2-3　薄壁件加工参考程序

程序	注释
O1310；	程序名
N10 M03 S600；	主轴正转，转速 600 r/min
N20 T0101 M08；	换内孔粗车刀
N30 G98 G00 X16. Z5.；	定位内孔切削循环起始点
N40 G71 U0.8 R0.3 F80；	内孔粗车循环
N50 G71 P60 Q90 U−0.5 W0. F100；	
N60 G00 X20.4；	
N70 G01 Z0. F40；	
N80 　　X20. Z−0.2；	
N90 　　Z−37.；	
N100 G00 X150. Z100.；	
N110 M05；	
N120 M00；	停车，检测尺寸
N130 M03 S1000；	
N140 T0202；	换内孔精车刀
N150 G00 X16. Z−5.；	
N160 G70 P60 Q90；	精车内孔
N170 G00 X150. Z100.；	回换刀点
N180 T0303 M03 S1000；	换外圆粗车刀，主轴转速 1000 r/min
N190 G00 X52. Z5.；	粗车外圆循环起点
N200 G90 X48.6 Z−6. F100；	
N210 　　X48.2；	
N220 　　X48.；	
N230 G00 X150 Z100.；	回换刀点
N240 M05 M09；	主轴停转
N250 M30；	程序结束。拆卸零件，掉头
O1315；	程序名，掉头
N10 M03 S800；	主轴正转，转速 800 r/min
N20 T0303 M08；	换外圆粗车刀，打开切削液
N30 G98 G00 X50. Z2.；	定位外圆切削循环起始点
N40 G71 U1. R0.5 F100；	外圆粗车循环

续表

程序	注释
N50 G71 P60 Q100 U0.5 W0.;	
N60 G00 X21.8;	螺纹外圆尺寸控制
N70 G01 Z0.;	
N80 G01 X23.8 Z−1.;	
N90 Z−32.;	
N100 X49.;	
N110 G00 X150. Z100.;	回换刀点
N120 M05 M09;	主轴停转,切削液关闭
N130 M00;	程序暂停,检测尺寸,修调刀补
N140 M03 S1200;	
N150 T0404;	换外圆精车刀
N160 G00 X50. Z2.;	
N170 G70 P60 Q100;	
N180 G00 X150. Z100;	
N190 M05 M09;	
N200 M00;	
N210 T0505 M08;	换螺纹刀
N220 M03 S300;	
N230 G00 X25. Z5.;	
N240 G76 P011060 Q100 R0.1;	螺纹粗车循环
N250 G76 X22.25 Z−28. P975 Q300 F1.5;	
N260 G00 X25. Z5.;	螺纹精车循环
N270 G92 X22.15 Z−28. F1.5;	
N280 X22.05;	
N290 X22.05;	
N290 G00 X150 Z100.;	回换刀点
N300 M05 M09;	主轴停转,切削液关闭
N310 M30;	程序结束

注：该程序可用于 FANUC 和 GSK980TD 系统。

任务三 高级工零件加工实例——偏心件加工

任务描述

在机械传动中，由回转运动转变为直线往复运动，或者由直线往复运动转变为回转运动，往往是通过曲柄滑块（连杆）机构来实现的，而生产实际中常见的偏心轴、偏心孔及曲轴等偏心工件都是典型的应用实例。

偏心工件指的是外圆和外圆的轴线或内控孔与外圆的轴线平行但不重合（彼此偏离一定距离）的工件。两平行轴心线之间的距离叫作偏心距，常用 e 表示，如图 6-3-1 所示。

无论是偏心轴还是偏心孔，在加工方法上与一般圆柱面和圆柱孔的加工方法相同，只是装夹方法不同。装夹工件时，将需要加工的偏心圆部分的轴线校正到与车床主轴轴线重合的位置后，再进行车削。

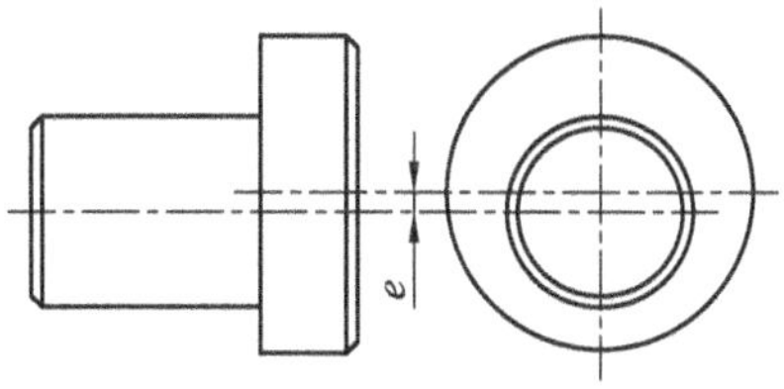

(a) 偏心轴

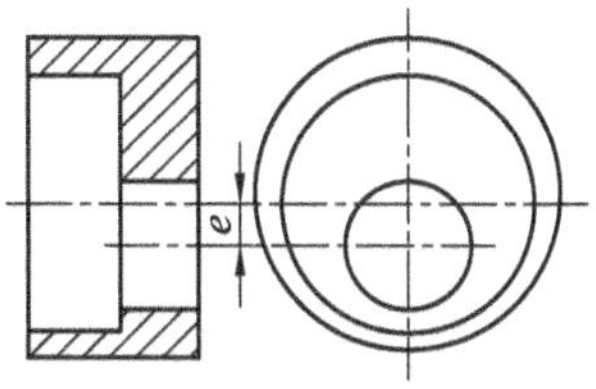

(b) 偏心孔

图 6-3-1 偏心件

加工零件图及评分标准

1. 零件图

如图 6-3-2 所示偏心轴套，毛坯尺寸为 $\phi 50$ mm×65 mm。

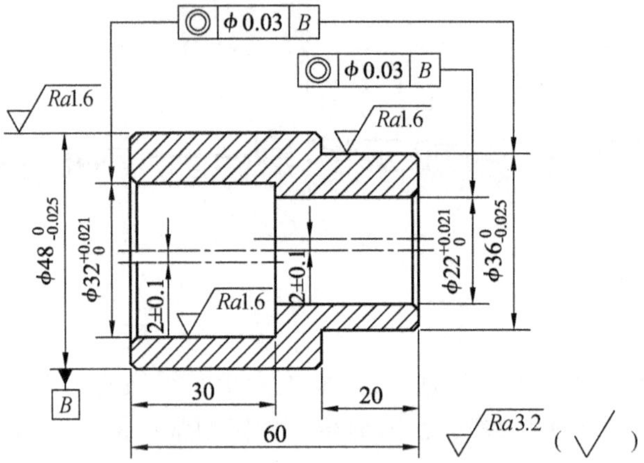

材料：45。
技术要求：
未注倒角为$C1$。

图 6-3-2 零件图

2. 材料清单

材料清单见表 6-3-1。

表 6-3-1 材料清单

材料名称	型号规格	数量	备注	材料名称	型号规格	数量	备注
端面车刀	YT15	1		游标卡尺	0～200	1	
外圆车刀	YT15	1		外径千分尺	25～50	1	
三角螺纹刀	YT15	1		内径千分尺		1	
粗车内孔车刀	刀杆φ16	1		圆钢	φ50×65	1	
精车内孔车刀	刀杆φ16	1					
钻头	φ20						

3. 评分表

评分表见表 6-3-2。

表 6-3-2 零件评分表

工件编号					总得分		
考核项目与配分		序号	考核内容与技术要求	配分	评分标准	检测记录	得分
工件加工(80%)	外轮廓	1	$\phi 48_{-0.025}^{0}$	10	每超差 0.01 扣 2 分		
		2	$\phi 36_{-0.025}^{0}$	15	每超差 0.01 扣 2 分		
	内轮廓	3	$\phi 22_{0}^{+0.021}$	12	每超差 0.01 扣 2 分		
		4	$\phi 22_{0}^{+0.021}$	15	每超差 0.01 扣 2 分		
		5	同轴度 0.03	7	每超差 0.02 扣 1 分		
		6	平行度 0.03	6	每超差 0.01 扣 1 分		

续表

工件编号					总得分		
考核项目与配分		序号	考核内容与技术要求	配分	评分标准	检测记录	得分
工件加工(80%)	其他	7	一般尺寸及其倒角	5	每超差 0.01 扣 2 分		
		8	工件按时完成	5	未按时完成全扣		
		9	工件无缺陷	5	缺陷一处扣 5 分		
工序制定及编程(10%)		10	工序制定合理,选择刀具正确	4			
		11	指令应用合理、得当、正确	3			
		12	程序格式正确,符合工艺要求	3			
现场操作规范(10%)		13	工具的正确使用	2			
		14	量具的正确使用	3			
		15	刃具的合理使用	3			
		16	设备正确操作和维护保养	2			
安全文明生产(倒扣分)		17	安全操作	倒扣	出现安全事故停止操作或酌情扣 5~30 分		
		18	机床整理	倒扣			

制定数控加工工艺方案

1. 偏心件的划线方法

安装、车削偏心工件时,应该首先确定偏心轴(套)的轴心线,然后在两顶尖或者四爪单动卡盘上安装。以偏心轴工件为例,其划线的基本步骤如下:

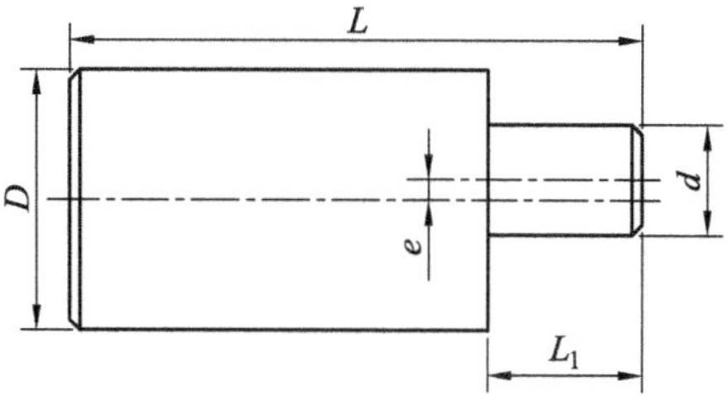

图 6-3-3 偏心轴

(1) 如图 6-3-3 所示,先将工件车成一个光轴,直径为 D,长度为 L,注意保证两端面与轴线的垂直度,此误差会直接影响到找正精度,同时要求光轴的表面粗糙度值不大于 $Ra1.6\ \mu m$。然后在轴的两个端面和外园四周涂上一层丹粉,并把它放在平板上的 V 型铁中,如图 6-3-4a 所示。

(2) 用游标高度尺划针找工件轴线。用游标高度尺划针针尖测量光轴的最高点,如图 6-3-4a 所示,并记下其读数,测量工件直径,再把高度游标尺的游标下移,下移距离为工件实际测量尺寸的一半,并在工件的 A 端平面轻轻划出一条水平线 ab。

(3) 然后将工件转过 180°,仍然用刚才的高度,再在 A 平面轻划另一条水平线,如图 6-3-4a 所示 cd。检查 ab、cd 前后两条水平线是否重合,若重合,即为此工件的水平轴线;

若不重合，则须将高度游标尺进行调整，游标调整量为两平行线间距的一半，如此反复，直到二线重合为止。

（4）找出工件的轴线后，即可在工件的端面和外圆上各划一条 ef（即过轴线的水平剖面与工件的截交线）。把工件转过 90°用直角尺对齐已经画好的平面垂直线 gh，再用刚才调整好的高度游标尺在另一端面和外圆上划一条水平线，这样就得到了一组两端互相垂直的圈线，如图 6-3-4b 所示。

（5）将高度游标尺的游标从轴线处上移一个偏心距尺寸，也在平行于工件轴平面和外圆的截交平面内划上一道圈线，如图 6-3-4c 所示。

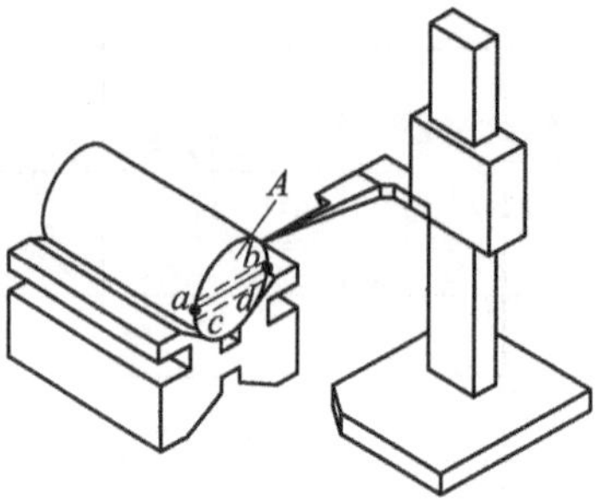

(a) 找正水平轴线

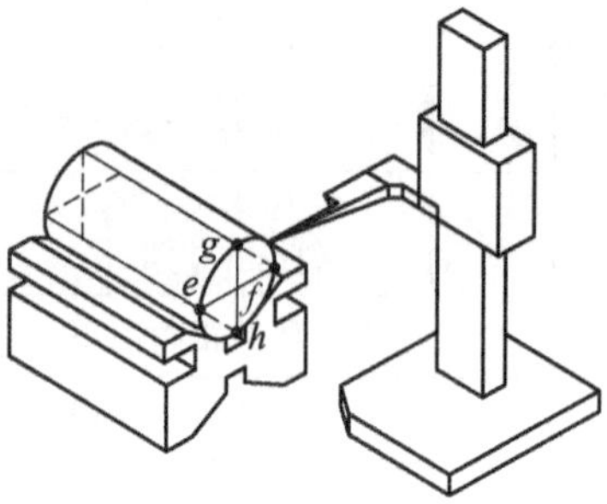

(b) 划圈线

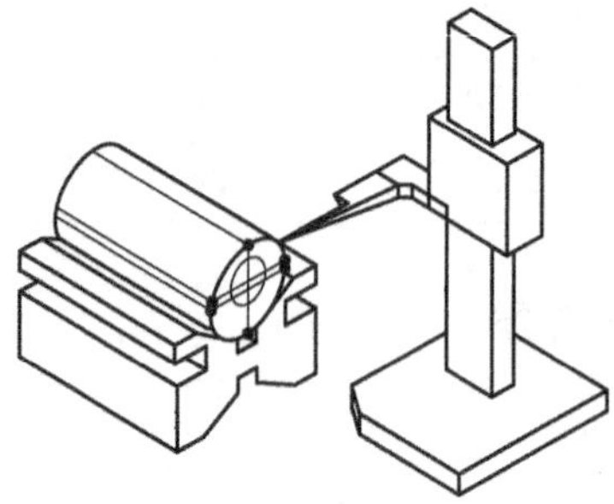
(c) 偏心轴线

图 6-3-4　在 V 型铁上划偏心的方法示意图

（6）偏心距中心线划出以后，在偏心距中心处两端分别打样冲眼，要求敲打样冲眼的中心位置准确无误，眼坑宜浅，且小而圆。

注意：

① 若采用两顶尖车削偏心轴，则要依此样冲眼先钻出中心孔；

② 若采用四爪单动卡盘装夹车削时，则要根据工件偏心圆直径依样冲眼先划出一个偏心圆，如图 6-3-5 所示，同时还必须在偏心圆的圆周上均匀地、准确无误地打上几个样冲眼，以便找正。

2. 偏心件的装夹

（1）用四爪卡盘装夹车削偏心工件。这种装夹方法主要适用于数量少、偏心距小、长度较短，而且不便于两顶尖装夹或形状比较复杂的偏心工件。在四爪卡盘上装夹偏心工件的方法有两种。

① 利用划线找正确偏心工件。根据已经画好的偏心圆来找正。由于存在划线误差

和找正误差，故此法仅适用于加工精度要求不高的偏心工件。

对于图 6-3-2 所示的工件，具体装夹步骤如下：

a. 装夹工件前，应该先调整好卡盘爪，使其中两爪呈对称位置，而另外两爪呈不对称位置，其偏离主轴中心的距离大致等于工件的偏心距。各对卡爪之间张开的距离稍大于工件装夹处的直径，使工件偏心圆占据中心位置，处于卡盘中央，然后装夹上工件，如图 6-3-6 所示。

b. 夹持工件长 15～20 mm，尾座顶尖接近工件，调整卡爪位置，使顶尖对准偏心圆中心（见图 6-3-6 的点 A），然后移去尾座。

c. 将划线盘置于床鞍上适当位置，使划针针尖对准工件外圆上的侧素线，如图 6-3-7 所示，移动床鞍，检查侧素线是否水平，若不呈水平，可以用木锤轻轻敲击进行调整。再将工件转过 90°，检查并校正另一条侧素线，然后将划针针尖对准工件端面的偏心圆线，并校正偏心圆，如图 6-3-8 所示。如此反复校正与调整，直至使两条侧素线都呈水平（此时偏心圆的轴线与基准圆轴线平行），又使偏心圆轴线与车床主轴轴线重合为止。

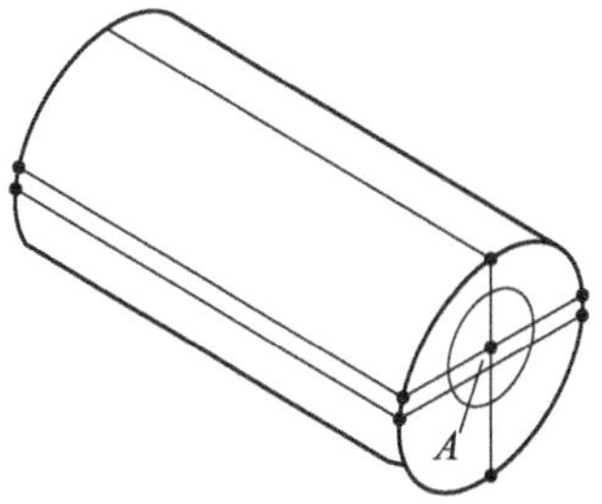

图 6-3-5　划偏心线

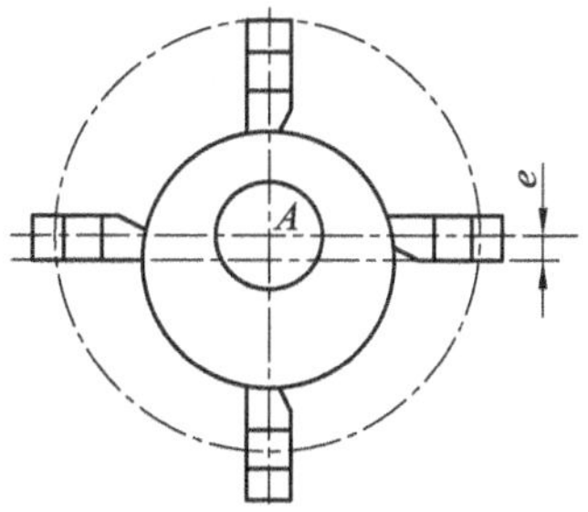

图 6-3-6　用四爪单动卡盘装夹偏心工件

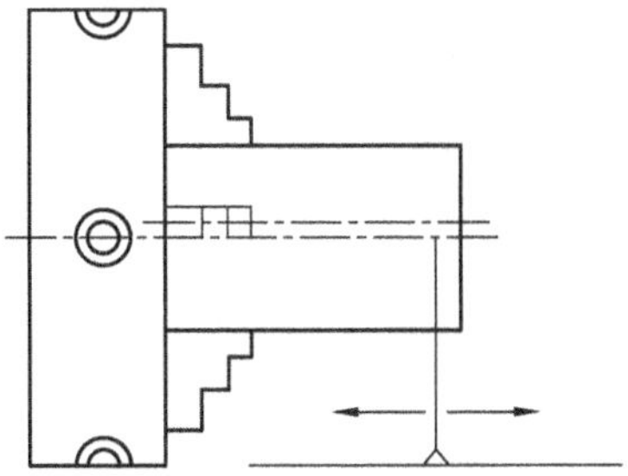

图 6-3-7　找正侧素线

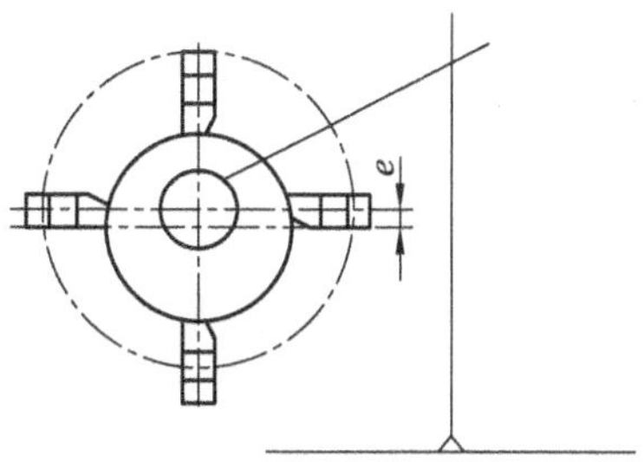

图 6-3-8　校正偏心圆

d. 工件校正后，把四个卡爪两两对称地均匀紧一遍，经检查确认侧素线和偏心圆线在紧固卡爪时没有位移，就可以车削了。

e. 粗车偏心圆直径。由于粗车偏心圆是在光轴的基础上进行切削加工的，切削余量很不均匀且又是断续切削，会产生一定的冲击和振动，所以外圆车刀取负刃倾角。刚开始车削时，进给量和切削深度要小，待工件车圆后，再适当增加，否则容易损坏车刀或使工件发生偏移。

车削的起力点应选在车刀远离工件的位置，车刀刀尖必须从偏心的最远点开始切入工件进行车削，以免打坏刀具或损坏机床。

f. 检查偏心距。在加工过程中，应该为最后精加工留有一定的余量，当达到适当的余量(比如 0.5 mm)时，可以采用如图 6-3-9 所示的方法检查偏心距。测量时，用分度值为 0.02 mm 的游标卡尺测量两外圆间最大距离和最小距离，则偏心距就是最大距离与最小距离之差的一半，即 $e=(b-a)/2$。

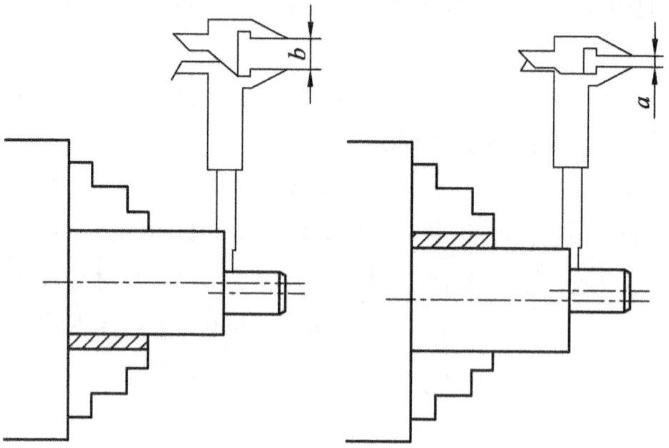

图 6-3-9 用游标卡尺检测偏心距

若实测偏心距误差较大时，可以少量调节不对称的两个卡爪；若偏心距误差不大时，则只需继续夹紧某一只卡爪(当 e 偏大时，夹紧离偏心轴线近的那只卡爪；当 e 偏小时，夹紧离偏心轴线远的那只卡爪)。

g. 精车偏心外圆。当用游标卡尺检查并调整卡爪，使其偏心距在图样允许的误差范围内时，复检侧素线，以保证偏心圆、基准两轴线平行，便可精车偏心外圆。

② 利用百分表找正偏心工件。对于偏心距较小，加工精度要求较高的偏心工件，需要用百分表来找正，这种情况下，一般可以将精度控制在 0.02 mm 以内。由于受到百分表测量范围的限制，所以它只能适用于偏心距为 5 mm 以下的工件找正。操作步骤举例说明如下：

a. 用划线初步找正工件。

b. 用百分表进一步找正，使偏心轴线与车床主轴轴线重合，如图 6-3-10 所示，找正点 M 用卡爪调整，找正点 N 用木锤或者铜棒轻敲。

c. 找正工件侧素线，使偏心轴两轴线平行。移动床鞍，用百分表在 M,N 两点处交替进行测量、校正，并使工件两端百分表读数误差值控制在 0.02 mm 以内。

d. 校正偏心距，将百分表测杆触头垂直接触偏心工件的基准轴(光轴)外圆上，并使百分表压缩量为 0.5～1 mm 左右，用手缓慢转动卡盘，使工件旋转一周，百分表指示处的最大值和最小值之差的一半即为偏心距。按此方法校正 M,N 两点处的偏心距，使 M,N 两点偏心距基本一致，并且均在图样允许的误差范围内。如此反复调整，直至校正完成。

e. 粗车偏心轴，参考前述内容粗车偏心轴。

f. 检查偏心距，在加工过程中，应该为最后精加工留有一定的余量，当达到适当的余量(比如 0.5 mm)时，可以采用图 6-3-11 所示的方法检查偏心距。测量时，将百分表测杆触头垂直接触偏心工件的基准轴(光轴)外圆上，并使百分表压缩量为 0.5～1 mm 左右，用手缓慢转动卡盘，使工件旋转一周，检查百分表指示处的最大值和最小值之差的一半是否在图样允许的偏心距误差范围内。通常复检时，偏心距误差应该是很小的，若偏心距超差，略紧相应卡爪即可。

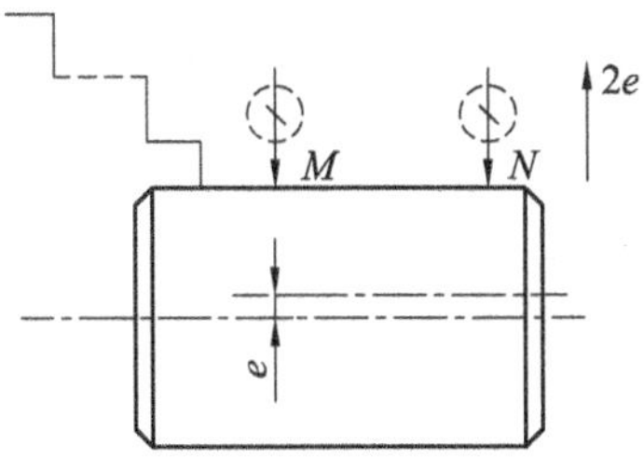

图 6-3-10 百分表校正偏心工件

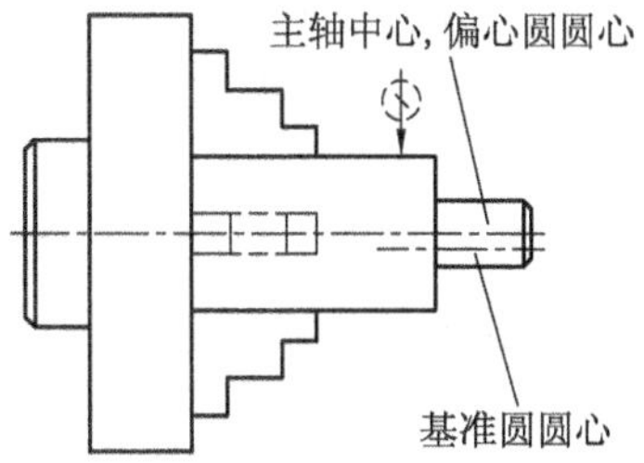

图 6-3-11 用百分表复检偏心距

g. 精车偏心距外圆，保证加工精度要求。

(2) 用三爪自定心卡盘装夹、车削偏心工件。在四爪卡盘上安装、车削偏心工件时，找正比较麻烦。对于长度较短、形状简单且加工批量较多的偏心工件，通常在三爪自定心卡盘上装夹车削。

先把偏心工件中的非偏心部分的外圆车好，随后在卡盘任意一个卡爪与工件接触面之间，垫上一块预先选好的一定厚度的垫片，使得工件轴线相对车床主轴轴线产生相对位移，并使位移等于工件的偏心距，使偏心圆的中心线与主轴(三爪卡盘)的中心线重合，如图 6-3-12a 所示。为了保证偏心轴轴线的水平度，装夹时应用划线盘或者百分表校正工件外圆侧素线是否水平，若不水平可用铜棒轻敲调整，再将工件转过 90°，校正另一侧素线，如图 6-3-12b 所示。然后夹紧工件，即可车削出偏心圆或偏心孔，这种方法不需要事先划线和找正。

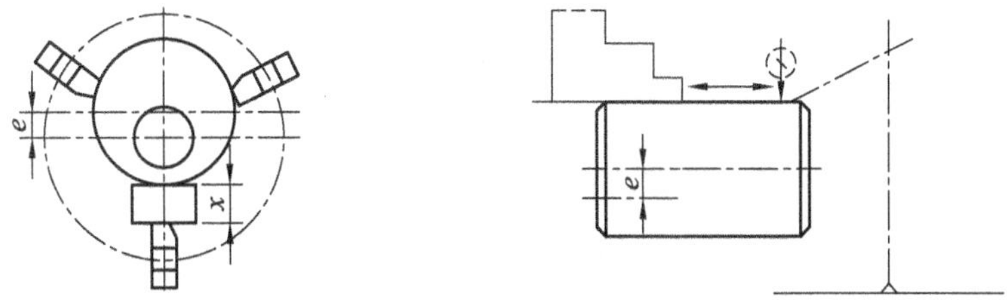

(a) 在三爪卡盘上车偏心工件　　(b) 校正侧素线

图 6-3-12 三爪自定心卡盘装夹偏心工件

垫片厚度可用近似公式计算，即

$$x \approx 1.5e$$

式中：x—垫片厚度；

e—工件偏心距。

若使计算更精确一些，则需在近似公式中带入偏心距修正值 k 来计算和调整垫片厚度，则近似公式为

$$x \approx 1.5e + k$$

$$k \approx 1.5\Delta e$$

$$\Delta e = e - e_{测}$$

式中：k——偏心距修正值，正负按实测结果确定；

Δe——试切后实测偏心距误差；

$e_{测}$——试切后的实测偏心距。

示例：用三爪自定心卡盘加垫片的方法车削偏心距 $e=4$ mm 的偏心工件，试计算垫片厚度。

解：先暂不考虑修正值，初步计算垫片厚度：$x=1.5e=1.5\times4=6$(mm)。

垫入 6 mm 厚的垫片进行试切削，然后检查其实际偏心距为 4.05 mm，则其偏心误差为 $\Delta e=4.05-4=0.05$(mm)，$k=1.5\Delta e=1.5\times0.05=0.075$(mm)，由于实测偏心距比工件要求的大，则垫片厚度的正确值应该减去修正值，即

$$x=1.5e-k=1.5\times4-0.075=5.925(\text{mm})$$

注意事项：

a. 应选用硬度较高的材料做垫块，比如采用 60 钢或 T10 工具钢，以防止在装夹时发生挤压变形。垫块与卡爪接触的一面应做成与卡爪圆弧相同的圆弧面，否则接触面会产生间隙，造成偏心距误差，而且应该保证垫片的长度，以保证装夹牢固。

b. 由于工件偏心，在开始车削前车刀不能太靠近工件，以免工件撞击车刀。

c. 开始车削时，进给量和背吃刀量要小，否则容易损坏车刀或使工件发生位移。

d. 装夹时，工件轴线不能歪斜，以免影响加工质量，可以用划线盘或者百分表找正工件外圆侧素线是否水平。

e. 对精度要求较高的偏心工件，必须按上述计算方法，在首件加工时进行试车检验，再按实测偏心距误差求得修正值 k，进而调整垫片厚度，然后才可以正式切削。

(3) 用两顶尖装夹、车削偏心工件。根据生产条件的不同，某些较长的偏心工件，只要轴的两端面能钻中心孔，且有装夹鸡心夹头的位置，都可以装夹在两顶尖进行车削，如图 6-3-13 所示。

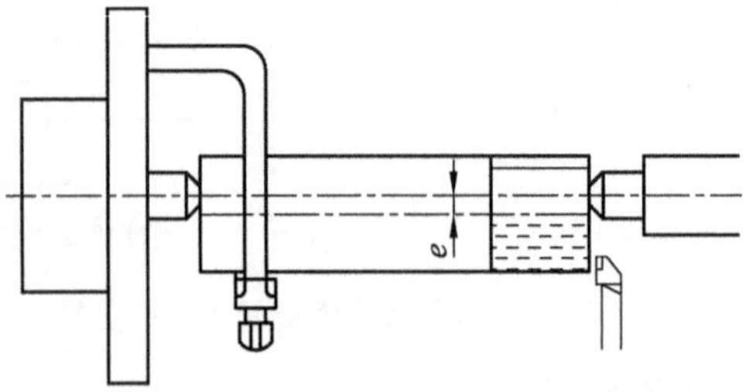

图 6-3-13 在两顶尖装夹车偏心工件

由于是用两顶尖装夹，在偏心中心孔中间车削偏心圆，这与在两顶尖之间车削一般外圆类零件类似，不同的是车偏心圆时，在一转内工件加工余量变化很大，且是断续切削，因而会产生较大的冲击和振动，但是不用花费很多的时间去找正偏心。

因此这种方法首先需根据工件偏心距的要求，分别在两端面钻出 1 个基准圆中心孔和 n 个偏心圆中心孔（共计 $2n+2$ 个中心孔，n 为偏心轴线的个数），随后先顶住工件基准圆中心孔车削基准外圆，再顶住偏心圆中心孔车削偏心外圆。

单件、小批量生产精度要求不高的偏心轴，其偏心中心孔可经划线后在钻床上钻出；偏心距精度要求较高时，偏心中心孔可在坐标镗床上钻出；成批生产时，可在专门中心孔钻床或偏心夹具上钻出。

需要注意的问题：

a. 用两顶尖安装、车削偏心工件时，关键是要保证基准圆中心孔和偏心圆中心孔的钻孔位置精度，否则偏心距精度无法保证；

b. 顶尖与中心孔接触的松紧程度要适当，且应在加工期间经常加注润滑油，以减少彼此磨损；

c. 断续车削偏心圆时，应选用较小的切削用量，初次进刀时一定要从离偏心最远处切入。

3. 检测偏心距

(1) 在两顶尖间检测偏心距。对于两端有中心孔、偏心距较小，不易放在V型铁上测量的轴类零件，可放在两顶尖间测量偏心距。将百分表的测头接触在偏心部位，用手均匀、缓慢地转动偏心轴，百分表上指示出的最大值与最小值之差的一半就等于偏心距。

(2) 使用V型铁检测偏心距。把工件外圆放入V型铁内，用百分表在偏心圆处测量，缓慢转动工件，观察其跳动量，读出百分表最大值与最小值之间差值的一半，作为偏心距。

由于受百分表测量范围的限制，只能测量偏心距 $e<5$ mm的偏心件。若工件的偏心距较大($e\geqslant5$ mm)，则可用V型铁、百分表和量块等量具采用间接测量的方法进行测量。

4. 实例工件的工艺分析

(1) 零件精度分析。如图6-3-2所示，精度要求较高的尺寸有：外圆 $\phi48_{-0.025}^{0}$ mm、$\phi36_{-0.025}^{0}$ mm、内孔 $\phi32_{0}^{+0.021}$ mm、$\phi22_{0}^{+0.021}$ mm、内孔 $\phi32$ 和外圆 $\phi36$ 与外圆 $\phi48$ 的偏心距为2 mm，两处偏心距无相位角要求。

主要形位精度有：外圆 $\phi36$ 与内孔 $\phi32$ 的轴心线对外圆 $\phi48$ 基准轴线 B 的平行度公差为0.03 mm，内孔 $\phi22$ 的轴心线对外圆 $\phi48$ 基准轴线 B 的同轴度公差为0.03 mm。

外圆和内孔加工后的表面粗糙度要求为 $Ra1.6$ μm，端面、倒角等表面的粗糙度为 $Ra3.2$ μm。

(2) 用四爪卡盘装夹的车削工艺安排。

a. 粗、精车外圆，保证外圆 $\phi48_{-0.025}^{0}$ mm，粗、精车内孔，保证内孔 $\phi22_{0}^{+0.021}$ mm，且保证内孔轴线与外圆轴线的同轴度要求；

b. 在V型架上划线，并画出偏心圆，打样冲眼；

c. 在四爪卡盘上装夹后，先用划线初步找正工件，再进一步用百分表找正，找正工件侧素线并校正偏心距，使偏心圆轴线与车床主轴轴线重合；

d. 粗车偏心轴，然后检查偏心距并进行调整，精车偏心圆外径，保证外圆尺寸 $\phi36_{-0.025}^{0}$ mm，偏心距 (2 ± 0.1) mm和平行度要求；

e. 掉头装夹，重复步骤c和d，加工出偏心内孔，保证内孔 $\phi32_{0}^{+0.021}$ mm，偏心距为 (2 ± 0.1) mm和平行度要求。

编写数控加工程序

该工件的参考程序见表 6-3-3。

表 6-3-3 偏心件加工参考程序

程序	注释
O1223;	
G99 G40 G21 G54;	程序初始化
G28 U0.0 W0.0;	回换刀点
T0101;	换 1 号刀,导入该刀刀补
M08;	切削液开
M03 S800;	主轴正转,转速 800 r/min
G00 X52.0 Z0.0;	快速进刀到端面处
G01 X−1.0 F0.1;	车端面
G00 X48.5 Z5.0;	定位至(48.5,5.0)
G01 Z−75.0;	车外圆 ϕ48
X52.0;	退刀
G00 Z5.0;	快速退刀
X48.1;	快速进刀
G01 Z−75.0;	车外圆
X52.0;	退刀
G00 Z5.0;	快速退刀
M05;	
M00;	测量工件外径尺寸
M03 S800;	
G00 X48.0;	快速进刀
G01 Z−75.0;	车外圆
X52.0;	退刀
G00 Z5.0;	快速退刀
X46.0;	快速进刀
G01 Z−19.8;	车外圆
X52.0;	退刀
G00 Z5.0;	快速退刀
X44.0;	快速进刀

续表

程序	注释
G01 Z−19.8;	车外圆
X52.0;	退刀
G00 Z5.0;	快速退刀
X42.0;	快速进刀
G01 Z−19.8;	车外圆
X52.0;	退刀
G00 Z5.0;	快速退刀
X40.2;	快速进刀
G01 Z−19.8;	车外圆
X52.0;	退刀
G00 Z5.0;	快速退刀
M05;	
M00;	测量工件外径尺寸
M03 S800;	
G00 X40.0;	快速进刀
G01 Z−20.0;	车外圆
X46.0;	
X48.0 Z−21.0;	倒角
X52.0;	退刀
G28 U0.0 W0.0;	回参考点
T0202 S600;	换 2 号刀，导入该刀刀补（ϕ20 的钻头）
G00 X0.0 Z5.0;	快速定位到接近点
G74 R3.0;	循环钻孔，退刀量 3 mm
G74 Z−64.0 Q10000 F0.1;	吃刀量 10 mm
G00 Z100.0;	退刀
G28 U0.0 W0.0;	回参考点
T0303 S600;	换 3 号刀，导入该刀刀补（内孔镗）
G00 X18.0 Z2.0;	快速定位到接近点
G71 U2.0 R1.0;	内轮廓粗加工循环
G71 P10 Q20 U−0.4 W0.1 F0.15;	
N10 G01 X24.0 F0.08;	

续表

程序	注释
Z0.0;	
X22.0 Z−1.0;	
Z−62.0;	
N20 X18.0;	轮廓描述 N10～N20
M03 S1000;	换精加工转速
G70 P10 Q20;	精加工内轮廓
G28 U0.0 W0.0;	回参考点
MOP;	
M30;	偏心装夹后,重新对刀
O1214;	
T0101;	换1号刀,导入该刀刀补
M03 S800;	
G00 X58.0 Z5.0;	快速定位到(58.0,5.0)
G90 X54.0 Z−19.8 F0.1;	车外圆
X50.0;	
X46.0;	
X42.0;	
X38.0;	
X36.2;	
G00 X58.0 Z50.0;	
M05;	
M00;	暂停,测量工件外径尺寸
M03 S800;	
G00 Z5.0;	
G01 X34.0;	定位到(34.0,5.0)
Z0.0;	
X36.0 Z−1.0;	倒角
Z−20.0;	精车外圆
X58.0;	退刀
G28 U0.0 W0.0;	回参考点
M09;	
M30;	

掉头偏心装夹,加工$\phi 32^{+0.021}_{0}$ mm 偏心孔。偏心孔加工程序与偏心件的类似,此处略。

附　　录

附录 A　FANUC 0i Mate-TB 数控系统 G 代码指令

G 指令	分组	功能	G 指令	分组	功能
G00	01	快速定位	G55	14	坐标系设定 2
G01		直线插补	G56		坐标系设定 3
G02		圆弧插补(顺时针)	G57		坐标系设定 4
G03		圆弧插补(逆时针)	G58		坐标系设定 5
G04	00	暂停	G59		坐标系设定 6
G17	16	xy 平面选择	G65	00	宏程序调用
G18		zx 平面选择	G66	12	宏程序模态调用
G19		yz 平面选择	G67		取消宏程序模态调用
G20	06	英制输入	G70	00	精车循环
G21		米制输入	G71		外圆粗车复合循环
G27	00	返回参考点检查	G72		端面粗车复合循环
G28		返回参考点	G73		固定形状粗加工复合循环
G29		由参考点返回	G74		端面深孔钻削循环
G30		返回第 2、第 3、第 4 参考点	G75		外圆车槽循环
G32	01	螺纹切削	G76		螺纹切削复合循环
G34		变导程螺纹切削	G90	01	单一形状内外径车削循环
G40	07	取消刀尖半径补偿	G92		螺纹车削循环
G41		刀尖圆弧半径左补偿	G94		端面车削循环
G42		刀尖圆弧半径右补偿	G96	02	恒线速度车削
G50	00	坐标系设定或最高主轴转速设定	G97		取消恒线速度
G52		局部坐标系设定	G98	05	每分钟进给量
G53		机床坐标系设定	G99		每转进给量
G54	14	坐标系设定 1	—	—	—

附录 B GSK980TD 数控系统 G 代码指令

指令字	组别	功能	备注
G00	01	快速移动	初态 G 指令
G01		直线插补	模态 G 指令
G02		圆弧插补(逆时针)	
G03		圆弧插补(顺时针)	
G32		螺纹切削	
G90		轴向切削循环	
G92		螺纹切削循环	
G94		径向切削循环	
G04	00	暂停、准停	非模态 G 指令
G28		返回机械零点	
G50		坐标系设定	
G65		宏指令	
G70		精加工循环	
G71		轴向粗车循环	
G72		径向粗车循环	
G73		封闭切削循环	
G74		轴向切槽多重循环	
G75		径向切槽多重循环	
G76		多重螺纹切削循环	
G96	02	恒线速开	模态 G 指令
G97		恒线速关	初态 G 指令
G98	03	每分进给	初态 G 指令
G99		每转进给	模态 G 指令
G40	04	取消刀尖半径补偿	初态 G 指令
G41		刀尖半径左补偿	模态 G 指令
G42		刀尖半径右补偿	

附录C 数控车工国家职业标准

数控车工国家职业标准

1. 职业概况

1.1 职业名称

数控车工。

1.2 职业定义

从事编制数控加工程序并操作数控工车床进行零件车削加工的人员。

1.3 职业等级

本职业共设四个等级，分别为：中级（国家职业资格四级）、高级（国家职业资格三级）、技师（国家职业资格二级）、高级技师（国家职业资格一级）。

1.4 职业环境

室内，常温。

1.5 职业能力特征

具有较强的计算能力和空间感，形体知觉及色觉正常，手指、手臂灵活，动作协调。

1.6 基本文化程度

高中毕业（或同等学力）。

1.7 培训要求

1.7.1 培训期限

全日制职业学校教育，根据其培养目标和教学计划确定。晋级培训期限：中级不少于400标准学时；高级不少于300标准学时；技师不少于200标准学时；高级技师不少于200标准学时。

1.7.2 培训教师

培训中级、高级的教师应取得本职业技师及以上职业资格证书或相关专业中级级别及以上专业技术职务任职资格；培训技师的教师应取得本职业高级技师职业资格证书或相关专业高级专业技术职务任职资格；培训高级技师的教师应取得本职业高级技师职业资格证书2年以上或取得相关专业高级专业技术职务任职资格。

1.7.3 培训场地设备

满足教学要求的标准教室、计算机机房及配套的软件、数控车床及必要的刀具、夹具、量具和辅助设备等。

1.8 鉴定要求

1.8.1 适用对象

从事或准备从事本职业的人员。

1.8.2 申报条件

——中级（具备以下条件之一者）

(1) 经本职业中级正规培训达规定标准学时数，并取得结业证书。

(2) 连续从事本职业工作5年以上。

(3) 取得经劳动保障行政部门审核认定的,以中级技能为培养目标的中等以上职业学校本职业或相关专业毕业证书。

(4) 取得相关职业中级职业资格证书后,连续从事本职业工作2年以上。

——高级(具备以下条件之一者)

(1) 取得本职业中级职业资格证书后,连续从事本职业工作2年以上,经本职业高级正规培训达规定标准学时数,并取得结业证书。

(2) 取得本职业中级职业资格证书后,连续从事本职业工作4年以上。

(3) 取得经劳动保障行政部门审核认定的、以高级技能为培养目标的职业学校本职业或相关专业毕业证书。

(4) 大专以上本专业或相关专业毕业生,经本职业高级正规培训达规定标准学时数,并取得结业证书。

——技师(具备以下条件之一者)

(1) 取得本职业高级职业资格证书后,连续从事本职业工作4年以上,经本职业技师正规培训达规定标准学时数,并取得结业证书。

(2) 取得本职业高级职业资格证书的职业学校本职业(专业)毕业生,连续从事本职业工作2年以上,经本职业技师正规培训达标准学时数,并取得结业证书。

(3) 取得本职业高级职业资格证书的本科(含本科)以上本专业或相关专业毕业生,连续从事本职业工作2年以上,经本职业技师正规培训达规定标准学时数,并取得结业证书。

——高级技师

取得本职业技师职业资格证书后,连续从事本职业工作4年以上,经本职业高级技师正规培训达规定标准学时数,并取得结业证书。

1.8.3 鉴定方式

分为理论知识考试和技能操作考核。理论知识考试采用闭卷笔试方式,技能操作(含软件应用)考核采用现场实际操作和计算机软件操作方式。理论知识考试和技能操作(含软件应用)考核均实行百分制,成绩皆达60分及以上者为合格。技师和高级技师还须进行综合评审。

1.8.4 考评人员与考生配比

理论知识考试考评人员与考生配比为1∶15,每个标准教室不少于2名考评人员;技能操作(含软件应用)考核考评人员与考生配比为1∶2,且不少于3名考评员;综合评审委员不少于5人。

1.8.5 鉴定时间

理论知识考试为120 min。技能操作考核中实操时间为:中级、高级不少于240 min,技师、高级技师不少于300 min;技能操作考核中软件应用考试时间为不超过120 min。技师、高级技师的综合评审时间不少于45 min。

1.8.6 鉴定场所设备

理论知识考试在标准教室里进行,软件应用考试在计算机机房进行,技能操作考核在配备必要的数控车床及刀具、夹具、量具和辅助设备的场所进行。

2. 基本要求

2.1 职业道德

2.1.1 职业道德基本知识

2.1.2 职业守则

(1) 遵守国家法律、法规和有关规定。

(2) 具有高度的责任心,爱岗敬业、团结合作。

(3) 严格执行相关标准、工作程序与规范、工艺文件和安全操作规程。

(4) 学习新知识新技能,勇于开拓和创新。

(5) 爱护设备、系统及工具、夹具、量具。

(6) 着装整洁,符合规定;保持工作清洁有序,文明生产。

2.2 基础知识

2.2.1 基础理论知识

(1) 机械制图。

(2) 工程材料及金属热处理知识。

(3) 机电控制知识。

(4) 计算机基础知识。

(5) 专业英语基础。

2.2.2 机械加工基础知识

(1) 机械原理。

(2) 常用设备知识(分类、用途、基本结构及维护保养方法)。

(3) 常用金属切削刀具知识。

(4) 典型零件加工工艺。

(5) 设备润滑和冷却液的作用方法。

(6) 工具、夹具、量具的使用与维护知识。

(7) 普通车床、钳工基本操作知识。

2.2.3 安全文明生产与环境保护知识

(1) 安全操作与劳动保护知识。

(2) 文明生产知识。

(3) 环境保护知识。

2.2.4 质量管理知识

(1) 企业的质量方针。

(2) 岗位质量要求。

(3) 岗位质量保证措施与责任。

2.2.5 相关法律、法规知识

(1) 劳动法相关知识。

(2) 环境保护法相关知识。

(3) 知识产权保护法相关知识。

3. 工作要求

本标准对中级、高级、技师和高级技师的技能要求依次递进，高级别涵盖低级别的要求。

3.1　中级

职业功能	工作内容	技能要求	相关知识
加工准备	读图与绘图	1. 能读懂中等复杂度(如曲轴)的零件图 2. 能绘制简单的轴、盘类零件图 3. 能读懂进给机构、主轴系统的装配图	1. 复杂零件的表达方法 2. 简单零件图的画法 3. 零件三视图、局部视图和剖视图的画法 4. 装配图的画法
	制定加工工艺	1. 能读懂复杂零件的数控车床加工工艺文件 2. 能编制简单(轴、盘)零件的数控车床加工工艺文件	数控车床加工工艺文件的制定
	零件定位与装夹	能使用通用夹具(如三爪自定心卡盘、四爪单动卡盘)进行零件装夹与定位	1. 数控车床常用夹具的使用方法 2. 零件定位、装夹的原理和方法
	刀具准备	1. 能根据数控车床加工工艺文件选择、安装和调整数控车床常用刀具 2. 能刃磨常用车削刀具	1. 金属切削与刀具磨损知识； 2. 数控车床常用刀具的种类、结构和特点； 3. 数控车床、零件材料、加工精度和工作效率对刀具的要求。
数控编程	手工编程	1. 能编制由直线、圆弧组成的二维轮廓数控加工程序 2. 能编制螺纹加工程序 3. 能运用固定循环、子程序进行零件的加工程序编制	1. 数控编程知识 2. 直线插补和圆弧插补的原理 3. 坐标点的计算方法
	计算机辅助编程	1. 能使用计算机绘图设计软件绘制简单(轴、盘、套)零件图 2. 能利用计算机绘图软件计算节点	计算机绘图软件(二维)的使用方法
数控车床操作	操作面板	1. 能按照操作规程启动及停止机床 2. 能使用操作面板上的常用功能键(如回零、手动、MDI、修调等)	1. 熟悉数控车床操作说明书 2. 数控车床操作面板的使用方法
	程序输入与编辑	1. 能通过各种途径(如DNC、网络等)输入加工程序 2. 能通过操作面板编辑加工程序	1. 数控加工程序的输入方法 2. 数控加工程序的编辑方法 3. 网络知识

续表

职业功能	工作内容	技能要求	相关知识
数控车床操作	对刀	1. 能进行对刀并确定相关坐标系 2. 能设置刀具参数	1. 对刀的方法 2. 坐标系的知识 3. 刀具偏置补偿、半径补偿与刀具参数的输入方法
	程序调试与运行	能够对程序进行校验、单步执行、空运行并完成零件试刀	程序调试的方法
零件加工	轮廓加工	1. 能进行轴、套类零件加工，并达到以下要求： (1) 尺寸公差等级：IT6 (2) 形位公差等级：IT8 (3) 表面粗糙度：$Ra1.6\ \mu m$ 2. 能进行盘类、支架类零件加工，并达到以下要求： (1) 轴径公差等级：IT6 (2) 孔径公差等级：IT7 (3) 形位公差等级：IT8 (4) 表面粗糙度：$Ra1.6\ \mu m$	1. 内外径的车削加工方法、测量方法 2. 形位公差的测量方法 3. 表面粗糙度的测量方法
	螺纹加工	能进行单线等节距的普通三角螺纹、锥螺纹的加工，并达到以下要求： (1) 尺寸公差等级：IT6～IT7 (2) 形位公差等级：IT8 (3) 表面粗糙度：$Ra1.6\ \mu m$	1. 常用螺纹的车削加工方法 2. 螺纹加工中的参数计算
	槽类加工	能进行内径槽、外径槽和端面槽的加工，并达到以下要求： (1) 尺寸公差等级：IT8 (2) 形位公差等级：IT8 (3) 表面粗糙度：$Ra3.2\ \mu m$	内径槽、外径槽和端槽的加工方法
	孔加工	能进行孔加工，并达到以下要求： (1) 尺公差等级：IT7 (2) 形位公差等级：IT8 (3) 表面粗糙度：$Ra3.2\ \mu m$	孔的加工方法
	零件精度检验	能进行零件的长度、内径、外径、螺纹、角度精度检验	1. 通用量具的使用方法 2. 零件精度检验及测量方法
数控车床维护和故障诊断	数控车床日常维护	能根据说明书完成数控车床的定期及不定期维护保养，包括机械、电、气、液压、冷却数控系统检查和日常保养等	1. 数控车床说明书 2. 数控车床日常保养方法 3. 数控车床操作规程 4. 数控系统(进口与国产数控系统)使用说明书
	数控车床故障诊断	1. 能读懂数控系统的报警信息 2. 能发现并排除由数控程序引起的数控车床的一般故障	1. 使用数控系统报警信息表的方法 2. 数控机床的编程和操作故障诊断方法
	数控车床精度检查	能进行数控车床水平的检查	1. 水平仪的使用方法 2. 机床垫铁的调整方法

3.2 高级

职业功能	工作内容	技能要求	相关知识
加工准备	读图与绘图	1. 能读懂中等复杂程度(如:刀架)的装配图 2. 能根据装配图拆车零件图 3. 能测绘零件	1. 根据装配图拆画零件图的方法 2. 零件的测绘方法
	制定加工工艺	能编制复杂零件的数控车床加工工艺文件	复杂零件数控车床加工工艺文件的制定
	零件定位与装夹	1. 能选择和使用数控车床组合夹具和专用夹具 2. 能分析并计算车床夹具的定位误差 3. 能设计与自制装夹辅具(如心轴、轴套、定位件等)	1. 数控车床组合夹具和专用夹具的使用、调整方法 2. 专用夹具的使用方法 3. 夹具定位误差的分析与计算方法
	刀具准备	1. 能选择各种刀具及刀具附件 2. 能根据难加工材料的特点,选择刀具的材料、结构和几何参数 3. 能刃磨特殊车削刀具	1. 专用刀具的种类、用途、特点和刃磨方法 2. 切削难加工材料时的刀具材料和几何参数的确定方法
数控编程	手工编程	能运用变量编制含有公式曲线的零件数控加工程序	1. 固定循环和子程序的编程方法 2. 变量编程的规则和方法
	计算机辅助编程	能用计算机绘图软件绘制装配图	计算机绘图软件的使用方法
	数控加工仿真	能利用数控加工仿真软件实施加工过程仿真及加工代码检查、干涉检查、工时估算	数控加工仿真软件的使用方法
零件加工	轮廓加工	能进行细长、薄壁零件加工,并达到以下要求: (1) 轴径公差等级:IT6 (2) 孔径公差等级:IT7 (3) 形位公差等级:IT8 (4) 表面粗糙度:$Ra1.6\ \mu m$	细长、薄壁零件加工的特点及装夹、车削方法
	螺纹加工	1. 能进行单线和多线等节距的T形螺纹、锥螺纹加工,并达到以下要求: (1) 尺寸公差等级:IT6 (2) 形位公差等级:IT8 (3) 表面粗糙度:$Ra1.6\ \mu m$ 2. 能进行变节距螺纹的加工,并达到以下要求: (1) 尺寸公差等级:IT6 (2) 形位公差等级:IT7 (3) 表面粗糙度:$Ra1.6\ \mu m$	1. T形螺纹、锥螺纹加工中的参数计算 2. 变节距螺纹的车削加工方法

续表

职业功能	工作内容	技能要求	相关知识
零件加工	孔加工	能进行深孔加工，并达到以下要求： (1) 尺寸公差等级：IT6 (2) 形位公差等级：IT8 (3) 表面粗糙度：$Ra1.6\ \mu m$	深孔的加工方法
	配合件加工	能按装配图上的技术要求对套件进行零件加工和组装，配合公差达到 IT7 级	套件的加工方法
	零件精度检验	1. 能在加工过程中使用百分表、千分表等进行在线测量，并进行加工技术参数的调整 2. 能够进行多线螺纹的检验 3. 能进行加工误差分析	1. 百分表、千分表的使用方法 2. 多线螺纹的精度检验方法 3. 误差分析的方法
数控车床维护与精度检验	数控车床日常维护	1. 能制定数控车床的日常维护规程 2. 能监督检查数控车床的日常维护状况	1. 数控车床维护管理基本知识 2. 数控机床维护操作规程的制定方法
	数控车床故障诊断	1. 能判断数控车床机械、液压、气压和冷却系统的一般故障 2. 能判断数控车床控制与电器系统的一般故障 3. 能够判断数控车床刀架的一般故障	1. 数控车床机械故障的诊断方法 2. 数控车床液压、气压元器件的基本原理 3. 数控机床电器元件的基本原理 4. 数控车床刀架机构
	机床精度检验	1. 能利用量具、量规对机床主轴垂直平行度、机床水平度等一般机床几何精度进行检验 2. 能进行机床切削精度检验	1. 机床几何精度检验内容及方法 2. 机床切削精度检验内容及方法

3.3 技师

职业功能	工作内容	技能要求	相关知识
加工准备	读图与绘图	1. 能绘制工件装配图 2. 能读懂常用数控车床的机械结构图及装配图	1. 工件装配图的画法 2. 常用数控车床的机械原理图及装配图的画法
	制定加工工艺	1. 能编制高难度、高精密、特殊材料零件的数控加工多工种工艺文件 2. 能对零件的数控加工工艺进行合理性分析，并提出改进建议 3. 能推广应用新知识、新技术、新工艺、新材料	1. 零件的多工种工艺分析方法 2. 数控加工工艺方案合理性的分析方法及改进措施 3. 特殊材料的加工方法 4. 新知识、新技术、新工艺、新材料
	零件定位与装夹	能设计与制作零件的专用夹具	专用夹具的设计与制造方法

续表

职业功能	工作内容	技能要求	相关知识
加工准备	刀具准备	1. 能依据切削条件和刀具条件估算刀具的使用寿命 2. 根据刀具寿命计算并设置相关参数 3. 能推广应用新刀具	1. 切削刀具的选用原则 2. 延长刀具寿命的方法 3. 刀具新材料、新技术 4. 刀具使用寿命的参数设定方法
数控编程	手工编程	能编制车削中心、车铣中心的三轴及三轴以上(含旋转轴)的加工程序	编制车削中心、车铣中心加工程序的方法
	计算机辅助编程	1. 能用计算机辅助设计/制造软件进行车削零件的造型和生成加工轨迹 2. 能根据不同的数控系统进行后置处理并生成加工代码	1. 三维造型和编辑 2. 计算机辅助设计/制造软件(三维)的使用方法
	数控加工仿真	能利用数控加工仿真软件分析和优化数控加工工艺	数控加工仿真软件的使用方法
零件加工	轮廓加工	1. 能编制数控加工程序车削多拐曲轴达到以下要求: (1)直径公差等级:IT6 (2)表面粗糙度:$Ra1.6\ \mu m$ 2. 能编制数控加工程序对适合在车削中心加工的带有车削、铣削等工序的复杂零件进行加工	1. 多拐曲轴车削加工的基本知识 2. 车削加工中心加工复杂零件的车削方法
	配合件加工	能进行两件(含两件)以上具有多处尺寸链配合的零件加工与配合	多尺寸链配合的零件加工方法
	零件精度检验	能根据测量结果对加工误差进行分析并提出改进措施	1. 精密零件的精度检验方法 2. 检具设计知识
数控车床维护与精度检验	数控车床维修	1. 能实施数控车床的一般维修 2. 能借助字典阅读数控设备的主要外文信息	1. 数控车床常用机械故障的维修方法 2. 数控车床专业外文知识
	数控车床故障诊断和排除	1. 能排除数控车床机械、液压、气压和冷却系统的一般故障 2. 能排除数控车床控制与电器系统的一般故障 3. 能够排除数控车床刀架的一般故障	1. 数控车床液压、气压元件的维修方法 2. 数控车床电器元件的维修方法 3. 数控车床数控系统的基本原理 4. 数控车床刀架维修方法
	机床精度检验	1. 能利用量具、量规对机床定位精度、重复定位精度、主轴精度、刀架的转位精度进行精度检验 2. 能根据机床切削粗度判断机床精度误差	1. 机床定位精度检验、重复定位精度检验的内容及方法 2. 机床动态特性的基本原理

续表

职业功能	工作内容	技能要求	相关知识
培训与管理	操作指导	能指导本职业中级、高级工进行实际操作	操作指导书的编制方法
	理论培训	1. 能对本职业中级、高级工和技师进行理论培训 2. 能系统地讲授各种切削刀具的特点和使用方法	1. 培训教材编写方法 2. 切削刀具的特点和使用方法
	质量管理	能在本职工作中认真贯彻各项质量标准	相关质量标准
	生产管理	能协助部门领导进行生产计划、调度及人员的管理	生产管理基本知识
	技术改造与创新	能进行加工工艺、夹具、刀具的改进	数控加工工艺综合知识

3.4 高级技师

职业功能	工作内容	技能要求	相关知识
工艺分析与设计	读图与绘图	1. 能绘制复杂工装装配图 2. 能读懂常用数控车床的电气、液压原理图	1. 复杂工装设计方法 2. 常用数控车床电气、液压原理图的画法
	制定加工工艺	1. 能对高难度、高精密零件的数控加工工艺方案进行优化并实施 2. 能编制多轴车削中收的数控加工工艺文件 3. 能对零件加工工艺提出改进建议	1. 复杂、精密零件加工工艺的系统知识 2. 车削中心、车铣中心加工工艺文件编制方法
	零件定位与装夹	能对现有的数控车床夹具进行误差分析并提出改进建议	误差分析方法
	刀具准备	能根据零件要求设计刀具，并提出制造方法	刀具的设计与制造知识
零件加工	异形零件加工	能解决高难度（如十字座类、连杆类、叉架类等异形零件）零件车削加工的技术问题、并制定工艺措施	高难度零件的加工方法
	零件精度检验	能制订高难度零件加工过程中的精度检验方案	在机械加工全过程中影响质量的因素及提高质量的措施
	数控车床维修	1. 能组织并实施数控车床的重大维修 2. 能借助字典看懂数控设备的主要外文技术资料 3. 能针对机床运行现状合理调整数控系统相关参数	1. 数控车床大修方法 2. 数控系统机床参数信息表

续表

职业功能	工作内容	技能要求	相关知识
数控车床维护与精度检验	数控车床故障诊断和排除	1. 能分析数据控车床机械、液压、气压和冷却系统故障产生的原因，并能提出改进措施减少故障率 2. 能根据机床电路图或可编辑逻辑控制器(PLC)梯形图检查出故障发生点，并提出机床维修方案	1. 数控车床数控系统的控制方法 2. 数控机床机械、液压、气压和冷却系统结构调整和维修方法 3. 机床电路图使用方法 4. 可编程逻辑控制器(PLC)的使用方法
	机床精度检验	1. 能利用激光干涉仪或其他设备对数控车床进行定位精度、重复定位精度、导轨垂直平行度的检验 2. 能通过调整和修改机床参数对可补偿的机床误差进行精度补偿	1. 激光干涉仪的使用方法 2. 误差统计和计算方法 3. 数控系统中机床误差的补偿方法
	数控设备网络化	能借助网络设备和软件系统实现数控设备的网络化管理	数控设备网络接口及相关技术
培训与管理	操作指导	能指导本职业中级、高级工和技师进行实际操作	操作理论教学指导书的编写方法
	理论培训	能对本职业中级、高级工和技师进行理论培训	教学计划与大纲的编制方法
	质量管理	能应用全面质量管理知识，实现操作过程的质量分析与控制	质量分析与控制方法
	技术改造与创新	能组织实施技术改造和创新，并撰写相应的论文	科技论文撰写方法

4. 比重表

4.1 理论知识

项目		中级/%	高级/%	技师/%	高级技师/%
基本要求	职业道德	5	5	5	5
	基础知识	20	20	15	15
相关知识	加工准备	15	15	30	—
	工艺分析与设计	—	—	—	40
	数控编程	20	20	10	—
	数控车床操作	5	5	—	—
	零件加工	30	30	20	15
	数控车床维护和故障诊断	5	—	—	—
	数控车维护与精度检验	—	5	10	10
	培训与管理	—	—	10	15
合计		100	100	100	100

4.2　技能操作

项目		中级/%	高级/%	技师/%	高级技师/%
技能要求	加工准备	10	10	20	—
	工艺分析与设计	—	—	—	35
	数控编程	20	20	30	—
	数控车床操作	5	5	—	—
	零件加工	60	60	40	45
	数控车床维护和故障诊断	5	—	—	—
	数控车维护与精度检验	—	5	5	10
	培训与管理	—	—	5	10
合计		100	100	100	100